前　言

　　在描绘宇宙数以百计的定律中,蕴涵有一组非常有力的定律,她们就是——热力学定律。热力学定律总结了能量的特性,及其从一种形式向另一种形式的转化过程。我颇感犹豫不决,是否在这样一本小册子的名称中直接加上"热力学"一词,用来表述自然的无限重要,变幻诱人,我只是希望您能够读下去,因为"热力学"的阅读想必不会轻松。而且,实际上,我没有骗你,本书的阅读的确是轻松愉快的。当你读完本书,掩卷沉思时,我保证您的思想将更加强壮,更加理性,对能量在世界中所扮演的角色一定会有更深刻的理解。简而言之,你将明白,是什么驱动着宇宙中的一切。

　　不要认为热力学仅仅是关于蒸汽机的——它几乎涉及世上万物。热力学的概念的确出现在

19世纪,就是蒸汽机如日中天的时代。但是,随着热力学定律的公式化,热力学分支的出现,很明显,这门学科涉及的现象范围日益增大,从热机效率,热泵,冰箱,化学反应,一直到生命过程。本书我们将逐一亲历。

本书讲述热力学四定律,从热力学第零定律到第三定律。从零开始,有点不方便,但事出有因。前面两个定律(第零定律,第一定律)引入了两个非常熟悉但是颇高深莫测的性质——温度和能量。第三个定律(第二定律)引入了一个许多人感到头痛的性质——熵,希望通过本书你会觉得她比看起来更熟悉的温度和能量更容易理解。第二定律是空前伟大的科学定律之一,她阐明了万物发生的根本,从热物体的冷却,到思想的公式化表达。第四个定律(第三定律)技术味道更浓一些,不过她使热力学学科结构更加丰满,同时既能够实现其应用,又指明了其应用壁垒。尽管第三定律给我们建立了一道达到温度绝对0度——绝对寒冷——的屏障,我们还是会看到一个绝对0度以下的奇异的而且是可达到的镜像世界。

热力学起源于对宏观物质的观察,有时就是像蒸汽机一样的宏观整体,并且,在很多科学家确信原子不仅仅是计量单位之前热力学就已经建立起来了。如果从原子分子的角度来解释基于现象观察的热力学表达，那么这门学科之丰富是无可估量的。因此，我们首先从观察层面来考虑每一个定律，然后潜入宏观物质表面之下，就会感受用栖息于原子世界的概念来阐明这些定律的深意。

最后一点，在您迫不及待地整理思绪，继续理解世界运行规律之前，我要感谢 John Rowlinson 先生对两版初稿给出的详细的评述，他的建议很有学术价值，本书写作深受其益。如果书中还有错误，肯定是因为我没有完全接受他的意见所致。

目　录

1

第零定律:温度的概念

第零定律是人们事后的想法。尽管很久以前就认识到它对于热力学逻辑体系很重要,直到 20 世纪初,人们才考虑给它起一个名字,给它一个编号。那时,第一和第二定律的地位都已经很牢固了,没有指望再返回去重新给这些定律编号。正如我们将看到的,每个定律都拥有实验基础,引入了一个热力学性质。第零定律确定了热力学性质——温度,我们最熟悉但事实上又最高深莫测的热力学性质。

热力学,如同绝大多数其他学科一样,此术语取自日常用语,也有通常的含义,然后我们将之清晰化——有人也许会说是

"征用"了此用语——使之拥有确定、准确的含义。在介绍热力学的整个过程中我们会时不时看到这种情形。实际上,开篇我们就遇到了。在热力学上,世界上我们所关注的部分称为**系统**。所谓系统,可以是一块铁,一杯水,一台发动机,或者人的躯体。系统甚至也可以是实体的各个特定的部分。系统之外的部分称为**环境**。所谓环境也是观察者观察系统并推断其性质所处的位置。实际的环境常常是指恒温水浴,它不过是真实环境的近似,比真实环境更好控制一些。系统与其所处环境共同组成了宇宙。然而,对于我们来说,宇宙指的是所有的事物,而对于一个严肃的热力学家来说,宇宙也许就是指浸没在水浴(环境)里的一杯水(系统)。

一个系统由它的边界定义。如果系统能够与外界进行物质传递——向系统中添加物质,或从系统中移除物质,则该系统称为开放的(open)。水桶,或者更文雅一点,开口烧瓶,就是一个很好的例子,因为我们可以倒入原料。如果边界内的系统是密封的,没有任何物质的添加或移除,则称此系统是封闭的(closed)。一个密封的瓶子就是一个封闭系统(closed system)。如果边界内的系统对所有事物都是封闭的,就是说,不管环境发生什么变化,系统都保持不变,则称此系统为孤立的(isolated)。一个装有热咖啡的塞住瓶口的保温瓶就可以近似看做是一个孤立系统。

系统的状态参数(properties)与其控制条件有关。例如,气体的压力取决于气体占据体积的大小。如果该系统的壁面可以变形,我们则可观察到体积变化对压力的影响。最好把"弹性壁面"想象为一个其他部分都是刚性的,只有一小块壁面可以活动———一个活塞———可以进进出出。想象一个给自行车打气的气筒,如果你用手指封住气筒的出气口,就是这种情况。

状态性质分为两类。广度性质(extensive property)与系统内物质的量的多少有关。系统的质量就是一个广度性质;系统的体积也是广度性质。2 kg 铁的体积是 1 kg 铁的体积的两倍。强度性质(intensive property)与系统内物质的量的多少无关。温度(无论它是什么物质)和密度都是强度性质。从搅拌充分的热水槽里取出水,无论取出水的体积是多少,其温度都是相同的。无论一块 1 kg 的铁,还是一块 2 kg 的铁,其密度都是 8.9 g · cm^{-3}。随着热力学的展开,我们将会遇到很多广度性质和强度性质,记住它们的区别将对我们很有帮助。

这些稍显琐碎的定义先说到这里吧。现在,我们将用活塞———系统边界上的可活动部件———引入一个重要概念,她将会作为我们解开温度之谜,揭开第零定律之谜的基础。

假设有两个封闭系统,每个系统的一侧都有一个活塞,活塞由销钉固定,得到一个刚性容器(图1)。两个活塞由一个刚性杆连接,一个活塞向外运动时,另一个活塞则相应向内运动。拔掉活塞上的销钉。如果左侧的活塞驱使右侧的活塞向右移动,我们就可以推断出左侧系统的压力大于右侧系统的压力,即使我们没有直接测量两个系统的压力。如果右侧的活塞占了上风,我们就可以推断出右侧的压力大于左侧的压力。如果松开销钉后活塞没有变化,则说明两系统的压力肯定相等。所谓"压力相等",专业表达就是"力平衡"。"没有变化?!"热力学家们对此感到非常兴奋,至少也是非常有兴趣。随着我们对热力学定律的了解,这一平衡条件将越来越重要。

图 1　如果两容器内气体压力不同,当拔掉锁定活塞的销钉时,活塞就会向某一侧移动,直到两侧系统内气体压力相等。此时,两系统就处于力平衡。如果初始时两系统的压力相同,拔掉销钉时,活塞将没有移动,因为两系统已经处于力平衡状态。

我们还需要了解力平衡的另一个方面:这一点似乎有点啰嗦,但这种类比可让我们很容易地引入温度的概念。假设有两个系统,我们称为系统 A 和系统 B,当把这两个系统连接起来并拔掉销钉时,两系统处于力平衡。也就是说,它们的压力相同。现在,假设我们断开系统 A 和系统 B 的连接,用活塞将系统 A 与第三个系统 C 连接。假设据我们观察活塞没有变化,则可推断系统 A 和系统 C 处于力平衡,进而我们可以说它们的压力相同。现在,假设我们断开系统 A 和系统 C 的连接,将系统 C 与系统 B 连接。即使不做这个实验,我们也知道活塞不会移动。因为系统 A 和系统 B 压力相同,系统 A 和系统 C 压力也相同,我们可以自信地断定系统 C 和系统 B 也具有相同的压力。压力是力平衡的通用指示器。

现在,让我们从力学领域进入到热力学领域,进入第零定律的世界。假设系统 A 和系统 B 有刚性的金属壁面。使两系统相互接触,也许会发生某些物理变化。例如,系统的压力也许会改变,或者,我们可通过观察孔看到系统颜色发生了变化。用通俗的语言我们会说,"热从一个系统流到另一个系统中",它们的状态参数也随之改变了。现在不要想象我们已经知道了什么是热——神秘的热是第一定律的事情,现在我们连第零定律还未了解呢。

当两个系统接触时,也许两系统都没有任何变化,即使两系统都是金属制作的。对于这样的系统,我们说它们处于热平衡状态。现在考虑三个系统的情形(图 2),就像刚才我们讨论力平衡的状况一样。如果系统 A 和系统 B 相互接触,它们处于热平衡状态;系统 B 和系统 C 相互接触,它们也处于热平衡状态;当系统 C 和系统 A 相互接触时,显然它们也处于热平衡状态。这种观察相当老生常谈,可它就是热力学第零定律的本质:

如果系统 A 与系统 B 处于热平衡状态，系统 B 与
系统 C 也处于热平衡状态，那么系统 C 与系统 A 一定
处于热平衡状态。

第零定律意味着：正如物理参数压力可使我们预知连接在
一起的系统是否处于力平衡状态，无论它们的组成和大小如何；
同样也存在一个状态参数使我们可以预知两个系统是否处于热
平衡状态，也无论它们的组成和大小如何。我们将这一普适参
数（universal property）称为温度。我们现在可以把三系统两两
热平衡用简单的话概括为：它们都有相同的温度。

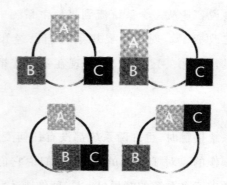

图 2　第零定律图示。包括（左上角）三个系统，可以两两热接触。
如果 A 与 B 处于热平衡状态（右上角），并且 B 与 C 处于热平衡状态
（左下角），那么，我们确信如果 C 与 A 接触，它们也将处于热平衡状
态（右下角）。

现在，我们还不能说已经认识什么是温度了，到此为止只不

过认识到第零定律意味着存在一个热平衡判据——如果两系统的温度相同,那么当它们通过导热壁接触时,两系统将处于热平衡状态,也就是说没有发生任何变化。观察者足以为此感到兴奋了。

我们现在介绍与热力学一词有关的另外两个东东。刚性壁,允许两个相互接触的封闭系统的状态发生变化,用第 2 章的术语来说,就是允许热传导——我们称此壁面是透热性的(dia-thermic ,取自希腊语"through",通过,和"warm",温暖)。典型的透热性壁是由金属制成的,但是任何导热材料都可以。炖锅就是一种透热性容器。如果两系统接触时没有发生变化,要么两系统温度相同,要么该壁面是绝热的(热无路可通)。不要混淆,两者是不一样的嗷。我们知道,如果壁面材料是隔热的,则壁面就是绝热的。例如,保温瓶或者发泡聚苯乙烯裹起来的系统都是绝热的。

第零定律是温度计的理论基础,所谓温度计是测量温度的一种东东。温度计就是我们前面刚讨论的系统 B 的一个特例。与具有透热壁的系统接触时,它有一个参数将发生变化。通常温度计是利用水银的热膨胀性质或者材料的电特性的变化制成。如果有一个系统 B(就是温度计),把它与系统 A 热接触,温度计没有变化;然后,我们把温度计与系统 C 接触,发现温度计仍然没有变化,那么我们就可以报告系统 A 和系统 C 的温度相同。

现存在几种温度标度体系,简称**温标**。这些体系是如何建立的?从本质上来说此问题是第二定律的范畴(见第3章)。然而,我们不能直到那时才提及温标,这对我们描述问题太困难了,尽管理论上我们可以做到。实际上,我们都知道摄氏(Celsius,centigrade)温标和华氏(Fahrenheit)温标。瑞典天文学家Anders Celisus(1701~1744)——摄氏温标就是以其名字命名的——设计了以水的冰点温度为100℃,沸点温度为0℃的温标,与现行的温标体系正好相反;现在我们将冰点温度设为0℃,沸点温度设为100℃。德国仪器制造商Daniel Fahrenheit(1686~1736)首次在温度计中使用了水银。他将盐、冰和水的混合物所能达到的最低温度设为0°,选择他的体温为100°,这个标准人们很容易懂,但很不可靠。该温标体系中,水的结冰温度为32℉,沸点温度为212℉。(图3)

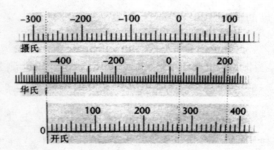

图3　三种常用温标体系的关系。左边垂直的虚线表示可达到的最低温度;右边两条虚线分别表示水的正常冰点和沸点。

因为那时的技术条件很差,华氏温标当时的现实优点就是很少需要负值。然而,我们将会看到,华氏温标存在一个绝对0°,绝对0°是不能够越过的,任何负数温度没有任何意义,只在某些理论推导中用到,我们现在都不用了(参见第5章)。因此人们在测量温度时自然将可达到的最低温度设定为0°,引入绝对温度作为热力学温度了。通常用 T 表示热力学温度,在本书中此符号始终适用。也就是说,绝对温度 T=0 对应于可能达到的最低温度。最常用的热力学温标是开尔文(Kelvin)温标,单位为开氏度 K,它的刻度与摄氏温标一样。在开氏温标中,水的冰点是 273 K(也就是绝对 0 度以上的 273 度),沸点温度在 373 K。换句话说,开氏温标的绝对 0 度就是－273℃。我们偶尔会用到绝对兰氏(Rankine)温标,兰氏温标与华氏温标表示绝对温度的刻度相同。

在前三章的每一章,我将从系统外部观察者的角度引入一个状态参数。然后,带领大家思考系统内部此参数的变化,进而丰富对这些参数的理解。说到系统的"内部",其结构是用原子和分子来表述的,这一点与经典热力学不同。但是这可使我们进行深度观察,在某种程度上可以说,科学就是"观察"。

所谓经典热力学是指 19 世纪的热力学。那时人们还没有完全认同原子的存在。经典热力学涉及宏观状态参数之间的关系。即使不相信存在原子,你也可以进行经典热力学的研究。到了 19 世纪末,大多数科学家已经相信原子是真实存在的,原子不仅仅是个计量单位了,出现了热力学的另一种形式,称为统计热力学。统计热力学试图从物质的原子组成观点解释系统的宏观状态参数。所谓"统计"是说,讨论宏观状态参数时,虽然不需要考虑每一个原子的行为,但的确需要考虑大量原子的平均表现。例如,气体的压力来源于气体分子对容器壁的碰撞。不过,为了了解和计算压力,我们并不需要计算出每个单一分子对压力的贡献,我们只需要考察气体分子冲击容器壁的平均力量。简而言之,动力学处理每一个体的运动行为,热力学则处理大量个体的平均运动行为。

本章所关注的统计热力学的核心思想是一个表达式,由 Ludwig Boltzmann(1844~1906)在 19 世纪末给出。提出表达式是他自杀前不久的事情。他的自杀部分原因是难以容忍同事们反对他的思想,这些同事都不相信存在原子。正如第零定律从宏观状态参数角度引入了温度的概念,Boltzmann 表达式是从原子角度引入的,并从原子概念出发阐明了此表达式的含义。

为了理解 Boltzmann 表达式的本质,我们首先要了解,一个原子只能拥有一定的能量。这属于量子力学的范畴。不过我们并不需要知道量子力学的很多细节,只需要记住这个结论即可。处于一定温度下(宏观性质)的一些原子,部分处于最低能级(基态),部分处于相邻的稍高能级;依此类推,随着能级越来越高,处于此能级上的原子数逐渐减少,直至为 0。当各能级粒子达到其"平衡"状态时,原子仍然在各能级间不停地跃迁,但是处于各能级上的粒子数不会有净变,此时各能级上的粒子数可以通过

能级和参数 β(beta)计算得到。

为了理解这一问题,我们想象一组架子固定在墙上不同的高度上。架子代表容许的能级,高度则代表可取的能量。这里的能量没有硬性规定。例如,它们可以对应于分子的平动、转动,或者振动。接着,想象在架子上抛球(代表分子),注意它们的着落位置。我们将会发现,对于大量的抛掷,概率最大的粒子数分布(落在每个架子上球的数量)受系统总能量的影响。也就是说,系统总能量一定,则粒子数分布就可基本确定。这可以表达为单参数 β 的函数。

分子分布于各可取能级上,或球可分布于各架子上。我们把这种分布的精确形式称为 Boltzmann 分布。Boltzmann 分布非常重要,我们有必要了解它的具体形式。为了使问题简化,我们将 Boltzmann 分布表达为能量为 E 能级的粒子数和能量为 0 能级(最低能级)的粒子数之比:

$$\frac{\text{能量为 } E \text{ 能级的粒子数}}{\text{能量为 0 能级的粒子数}} = \mathrm{e}^{-\beta E}$$

可以看出,随着能级能量的逐渐升高,此能级上的粒子数以指数形式减少。也就是说,高处架子上的球比低处架子上的球的数目要少。同样也可以看出,参数 β 增大,给定能级上的粒子数相对减少,或者说,此能级上的球相应沉落到更低的架子上。这时,球仍然呈指数分布,但高层架子上的球逐渐减少,能级越高,粒子数减少得越快。

当用 Boltzmann 分布计算大量分子的状态参数时,例如气体样本的压力,它可以表达为绝对温度的倒数。形式为 $\beta = 1/kT$,其中 k 是一个重要常数,我们称之为 Boltzmann 常数。T 采用开尔文温标,$k = 1.38 \times 10^{-23}$ J/K。①记住一点,β 与 $1/T$ 成正比,温度升高,β 减小;反之,温度降低,β 则增大。

这里再重点强调几点。首先,Boltzmann 分布的最重要意义在于它揭示了温度的分子意义:温度参数揭示了一个系统处于平衡状态时粒子数在各可取能级上分布的最大概率。当温度很高(β 较低)时,许多能级上都分布有相当数量的粒子。当温度较低(β 较高)时,粒子主要分布于接近基态的能级上(图 4)。不管

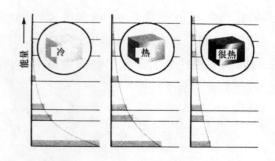

图 4　Boltzmann 分布是一个能量的指数衰减函数。温度升高,粒子则从低能级跃迁到高能级。在绝对 0K,粒子只分布在最低能级;温度无限高时,粒子平均分布在所有能级上。

———————

①　能量单位为焦耳(J):1 J＝1 kg・m²・s⁻²。1 J 能量等价于一个以 1 m・s⁻¹ 的速度运行 1 m 的质量为 1 kg 的球所拥有的能量。人的心脏每次跳动消耗的能量大约 1 J。

实际上粒子数是多是少,它们都服从于 Boltzmann 表达式给出的指数分布。以架子上的球相比,低温(高 β)好比投球时用力较小,球只能落到最低的架子上。高温(低 β)就是用力投掷球,这时高处的架子上也会落上相当数量的球。因此,温度就是这样一个参数,它是平衡系统内各能级上粒子数相对数量的综合表现。

第二,与温度 T 相比,β 更能反应温度的本质。稍后我们会看到,在实际世界上,绝对 0 K($T=0$)是无法达到的。这可能让人很难理解。其实换句话说就是,β 不可能取无穷大值($T=0$ 时对应的 β 值),这样你就没那么惊讶了!然而,尽管 β 能更本质地表示温度,但它却不适合我们日常的应用。因为水的冰点是 0℃(273 K),对应的 $\beta=2.65\times10^{20}$ J^{-1},沸点为 100℃(373 K),对应的 $\beta=1.94\times10^{20}$ J^{-1}。这一串数字念起来很拗口。再设想一下,用 β 表示凉爽的天气(10℃,对应 2.56×10^{20} J^{-1}),暖和的天气(20℃,对应 2.47×10^{20} J^{-1}),是不是都有点别扭?

第三,基本常数 k 的存在和它的取值只是我们固执地使用传统温标的结果,如果直接使用基于 β 的实际的基础温标,那就不存在什么参数 k 了。华氏、摄氏和开氏温标都是被误导的:温度的倒数,本质上就是 β,用来测量温度更有意义,更接近本质。由于历史的习惯,加上简单数字的力量,现在再让我们接受 β 作为温度的标准是不可能的了。如 1,100;甚至 32,212,是不是感到很亲切?这种习惯和力量已经深深融入我们的文化,使用太方便了。

尽管通常我们将 Boltzmann 常数 k 归为基础常数,实际上它只是对一个历史性错误的补偿。如果 Ludwig Boltzmann 的研究在 Fahrenheit 和 Celsius 之前完成,那么很自然我们将用 β 测量温度了。那么,我们也许就会习惯于温度的单位是焦耳的倒数,也会习惯于 β 低系统温度高,β 高系统温度低的描述了。不过,习惯业已形成,温暖系统的温度高于冰冷系统的温度,我们只能引入 k,通过 $k\beta = 1/T$ 来统一 β 和 T 了。虽然用 β 描述温度更本质,但 T 的使用太根深蒂固了。我们现在可以理解了,Boltzmann 常数只是一个转换因子——完成已经建立的传统温标与后来发现的温标之间的转换。后一种温标被人们接纳就好了,这虽然有点事后诸葛亮的味道。如果我们用 β 测量温度,就不需要 Boltzmann 常数了。

我们将用更乐观一些的腔调结束本节。我们已经建立了这样一个观点:温度,特别是 β,是一个参数,用来表示系统中分子在所有可能能级上的平衡分布。我们想到的最简单的系统是完美(或是"理想")气体。假设气体中的分子构成一个混沌系统,系统中的分子部分运动速度比较快,部分则比较慢;分子沿直线运动,它们之间不断碰撞,不断改变运动速度和方向,分子对壁面的撞击形成了我们所说的压力。所谓气体是混沌的分子集合(事实上,"gas,气体"和"chaos,混沌"源于同一词根),气体中的分子随机地充满了整个空间,分子的运动速度快慢不一。速度不同,动能不同,这可以用 Boltzmann 分布表示。Boltzmann 分布可以表示分子所有可能的平动能能级分布,分子的速度分布,以及速度分布与温度的关系。这一表达式称为 Maxwell-Boltzmann 速度分布,这是因为此表达式由 James Clerk Maxwell (1831~1879)首先用与以前不太相同的方法推导而得。在计算过程中发现,空气中分子的平均速度与绝对温度的平方根成正比。温暖天气(25℃,298 K)时空气分子的平均速度比稍冷天气(0℃,273 K)时的高 4%。因此,我们可以将温度作为气体分子平均速度的参数。温度高,对应的分子平均速度高;温度低,对应的分子平均速度低(图5)。

现在,让我们简单归纳一下本章的几个要点。从外部来看,也就是从观察者所处角度来看,通常来说就是在环境中来看,温度是一个状态参数。当封闭系统通过透热性边界相互接触时,温度揭示了这些系统是否处于热平衡。——温度相同时,系统处于热平衡;温度不同时,则系统状态发生持续变化,直到系统达到热平衡,即温度相同。从内部来看,也就是微观角度——系统"内部鹰眼"观察者角度,可以清楚看到在各个可能能级上的分子分布,温度就是表述这些粒子的单一参数。温度升高,观察者就会发现粒子迁移到能量高的能级;温度降低,粒子则迁移到能量低的能级。任意温度下,能级上的相关粒子数是以能级能量的指数形式改变的。高能量能级随着温度的升高逐渐增加意味着越来越多的分子运动(包括旋转和振动)得更加剧烈,或者固体内原位置固定的原子在平均位置附近振动得更加剧烈。无序运动与温度紧密相连。

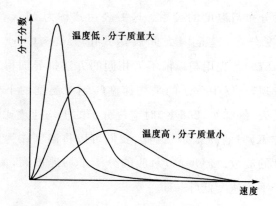

图5　不同质量和不同温度分子的 Maxwell-Boltzmann 分子速度分布。注意,分子质量小,速度则较高;分子质量大,速度则较低。该分布可以解释行星雾围的组成,质量轻的分子(如氢气,氦气)可能逃逸到太空中。

2

第一定律：能量守恒

一般认为热力学第一定律是四定律中最不需要特别理解的了。它其实就是能量守恒定律——能量既不能被创造，也不能被消灭。也就是说，宇宙创始时有多少能量，宇宙消灭时就会有多少能量。不过，热力学可是一门美妙的学科，第一定律远比上述的表述有趣。此外，正如第零定律促使我们引入了"温度"参数，并清晰地给出了它的定义，第一定律则将帮助我们引入一个难以捉摸的概念——能量，并给出它的清晰的定义。

在问题的开始，假设我们并不知道任何类似参数的存在，如同介绍第零定律时我们也没有事先假定存在"温度"概念，它是第零定律自然而然的结果。我们只要假设已经熟知诸如质量、重量、力和功等力学和动力学概念。尤其是对"功"的理解,是我们此处表述的出发点。

物体克服反作用力运动就做了功。我们克服地球引力举起重物,就做了功。做功的多少取决于物体的质量,地球引力,以及物体被举起的高度。把我们自身看成一个重物:爬楼梯的同时你就做了功;做功的多少与体重以及你爬的高度成正比。迎风骑自行车的同时你同样在做功:风越大,骑的距离越远,做的功也就越多。拉伸或压缩弹簧时,也在做功,做功的多少取决于弹簧的弹力和弹簧被拉伸或压缩的距离。

所有形式的功都可等效于举起一个重物。例如,对于拉伸弹簧做功,我们可以设想将拉伸的弹簧通过一个滑轮与某个重物连接起来,观察当弹簧缩回到固有长度时重物提升的高度。在地球表面将一质量 m(例如 50 kg)的物体提升高度 h(例如 2 m),做功的大小为 mgh,其中 g 为常数,就是我们熟知的自由落体加速度,地球海平面上近似为 $9.8 \text{ m} \cdot \text{s}^{-2}$。将 50kg 的重物提升 2 m 需要做功 $980 \text{ kg} \cdot \text{m}^2 \cdot \text{s}^{-2}$。正如我们在脚注①所看到的,我们将笨拙的复合单位"千克平方米每平方秒"称为焦耳(记为 J)。这样,我们可以说,将 50 kg 的重物提升 2 m 需要做功 980 焦耳(980 J)。

功是热力学尤其是第一定律最重要的基础。任何系统都有做功的能力。例如，一个压缩或拉伸的弹簧可以做功。我们前面已经提到，它可以用来提升重物。电池可以做功，因为它可以驱使电动机提升重物。煤块作为内燃机的燃料可以通过在空气中燃烧对外做功。这些做功形式可以说是不言自明的，不过下面的做功形式则有点费解了。电流通过加热器，就对加热器做了功。为什么？因为此电流也可以用来驱动电动机提升重物。为什么我们称之为"加热器"而不是"加功器"？我们引入热的概念后此问题就清楚了。目前，"热"尚未出场呢。

　　有了功——这个热力学的基本概念，还需要一个专门表示系统做功能力的术语：我们把系统的做功能力称为能量。一个完全拉伸的弹簧，其做功能力大于仅轻微拉伸的弹簧。也可以说，一个完全拉伸的弹簧，其能量大于轻微拉伸的弹簧的能量。一升热水的做功能力大于一升冷水的做功能力。也就是说，一升热水的能量大于一升冷水的能量。这样说来，能量并没有什么神秘的。它只是系统做功能力的度量单位，从而我们可以十分清楚地理解"功"的意义。

※　※　※

　　现在我们把这些概念从动力学延伸到热力学。假设我们有一个由绝热（不传导热量的）壁面围起的系统。我们在第 1 章已经利用第零定律建立了"绝热"概念，这里并没有使用未定义的术语。实际上，这里的"绝热"是指一个绝热容器，如隔热良好的保温瓶就是一个绝热容器。我们可以使用温度计测量保温瓶内的温度。"温度计"是第零定律引入的另一个概念,我们的基础仍然是牢固的哦!现在,我们可以做几个实验了。

首先,我们用下落重物驱动保温瓶中的叶片旋转,从而搅动保温瓶内的物质(也就是系统),记录搅拌引起的系统温度的变化。热力学之父级的人物 J. P. Joule(1818~1889)在 1843 年就做过此类实验。我们可以通过重物重量和下降距离计算重物所做功。然后我们取走绝热壁,使系统冷却到初始状态。重新装上绝热壁,这一次,我们向系统中放入一个加热器,通电一段时间,使加热器做功与重物降落做功大小相同。假设我们已经测量过电动机通电时间与重物提升高度的关系,我们就可以由通电时间和电流查到做功的大小。通过上述实验得出结论:只要做功大小相同,无论通过什么形式做功,系统状态的改变都是相同的。其他类似实验也验证了这一结论。

这就好像爬山,上山的路有许多条,每条路对应一种做功方法。只要我们从同一营地出发,到达同一终点,不管我们走哪条路,我们爬的高度都是相同的。这样,我们可以在山的每一处标上数字(高度),无论我们选择哪条道路,我们都能通过计算起点和终点的高度差得到我们已经爬升的高度。此道理同样适用于上述系统。事实上,状态的变化与路径无关,意味着我们可以给系统的每个状态设定一个数字,称为系统每个状态的内能(记为 U)。这样,我们可以通过初始内能和最终内能的差值计算出系

统从任一状态变化到另一状态所需要的功，就是：所需的功＝
U(末)－U(初)(图 6)。

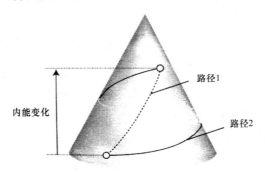

图 6 始末状态相同，做功量就相同，这与爬山类似，道路不同，但始
末高度相同，则做功量相同；由此导出状态参数——内能。

对于绝热系统，只要始末状态相同，做功量与路径无关（记
住，这里的系统是绝热的），由此我们认识到必定存在一个系统
性质可以用于量度系统的做功能力。在热力学中，我们将只与
当前系统状态有关而与路径无关（像地理学中的高度）的参数称
为状态函数。这样，上述实验观测促使我们引入了状态函数"内
能"。我们现在想必并不能理解内能的本质，不过，在学习第零
定律刚接触状态函数"温度"时，我们也并不能很好地理解它的
本质。

目前，我们离第一定律还有一段路程，我们还需要再啰嗦一
点。还是上面的系统，这一次我们去掉绝热壁，也就是说系统不
再是绝热的。我们像前面一样对系统进行搅拌，使系统从相同

的初始状态到达相同的终了状态。我们发现,要达到相同状态需要比先前做更多的功。

更一般地,我们发现到达同样的终态需要的做功量比绝热系统多。这使我们推测,除了做功外还有别的方式可以改变内能。对于这多出来的变化,一种解释是由于搅拌对系统做功引起系统与环境之间的温度差,从而导致部分能量由系统传到环境中了。这种由于温度差引起的能量传递称为"热量"。

系统以热量形式接收或传递出去的能量可以很容易地测量出来。我们测量出绝热系统状态变化的做功量,然后测量非绝热系统(除去绝热层的系统)经历相同状态变化所做功,两次做功量之差就是以热量形式传递出去的能量。有意思的是,颇难理解的"热"的测量一直是以纯力学方法为基础的。只要测量使不同系统状态发生指定变化重物所需下降的距离即可,参见图7。

嘘!我们马上就要到达第一定律了。设想有一个封闭系统,此系统可以做功,也可以以热量形式释放能量。系统做功或热传递,系统内能则随之下降。然后我们把系统与环境隔离,持续我们希望的一段时间后再重新与环境联通。我们发现,无论时间长短,系统的做功能力——系统的内能——都没有恢复到最开始的值。换句话说,

孤立系统的内能是常数。

这就是热力学第一定律,或者至少也算是第一定律的一种
表述形式,因为该定律有许多等价表述形式。

图 7 对于绝热系统(左)做一定量的功则使系统状态发生指定变化。
对于同一系统(非绝热,右),系统状态发生相同变化需要对其做更
多的功。两次做功量之差就是系统以热量形式损失的能量。

自然界另一个普适定律就是"对财富的追求诱发了谎言",
这是关于人性的描述。如果第一定律在某些条件下不成立,就
好比说人类的财富将会无限增加下去。如果说一个绝热、封闭
系统对外做功而内能没有减少,那是绝对错误的。换句话说,这
等于说我们能造出永动机,不用消耗燃料而对外做功。尽管做
了无数努力,人类从没有造出永动机。当然,仍有许多人声称已
经研制出永动机,不过事实证明他们全部涉嫌某种程度的欺骗。
专利局现在已不再接受诸如此类机器的专利申请,因为第一定
律被认为是牢不可破的,违反第一定律的报道都不值得花费时
间精力去探究。在科学领域,当然包括工程技术领域,某些实例
证明,真理有时是掌握在少数人手中的。

※　　※　　※

关于第一定律,我们还需要做一些清理。首先,关于术语"热"的使用。日常语言中,"热"既是名词也是动词。例如,"热在流动",此处的"热"是名词;"我们加热",此处的"热"则是动词。在热力学中,热既不是独立实体的物质,甚至也不是一种能量形式——热是能量传递的一种方式。它不是某种形式的能量,也不是某种形式的流体,它根本就不是一种物质。热是由于温差产生的能量传递。热是一个过程,不是某一实体。

如果在日常用语中我们要保证使用"热"的准确性,固执地坚持只能导致论述的笨拙可笑,因为我们已经习惯于诸如"热从这里流到那里","将某一物体加热"等说法。此类说法最初是因为人们观察到不同温度的物体间的确有流体流动,这种图象已经深深地嵌入到我们的语言中。事实上,能量沿着温度梯度下降的方向迁移包含了很多层面的含义,通过把热看做无质量("无法衡量的")流体,就可以用数学方法对这些能量的迁移做有效处理。但是,从本质上说这纯属巧合,丝毫不能说明热实际上就是一种流体。大众消费倾向分布也可以作为实际流体进行类似处理,这同样不能说大众是一种实际的流体。

我们只能说,能量以热量形式传递(由温差引起)。不过如此重复的确乏味啰嗦。对于动词的"热",如果要精确的话,我们

· 24 ·

只能拐弯抹角地说成"我们设计了温度差，以使能量按渴望的方向通过导热壁"。逝水如斯，生命太短，日常生活中我们大可不必如此拘泥于"精确"。我们虔诚的祈祷上帝理解我们，"正确"的说法我们已经牢记在心。

从上述的谈论中大家可能觉察到热的流动性，尽管我们已经受到警告，不能将热看成一种流体。我们在使用"能量"一词时隐隐约约总有一点流动的意思。似乎我们又陷进了"流体"中，而且越陷越深。这种感觉显然是错误的，只要从分子层面理解一下热和功，此问题就可迎刃而解了。通常，挖掘现象内部世界可进而阐述该现象。在热力学中，我们总是从外界观察来区分能量传递的形式，对系统提供或损失能量的过程视而不见。我们可以把系统看成一个银行，金钱可以以两种货币类型任意存入或提取，但是一旦存入就很难区分已经存入的资金的类型了。

首先，让我们看一下功的分子本质。我们已经注意到处在宏观的可观察层面，作功等同于提升重物。从分子观点来看，提升重物对应于所有原子向同一方向移动。因此，当提升一个铁块时，所有的铁原子步调一致地向上移动。当铁块下降时——铁块对系统作功，类似于压缩弹簧或气体，增加了系统内能——所有的铁原子步调一致地向下移动。功在这里就是能量的传递，利用了环境中原子的一致运动（图 8）。

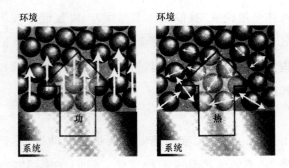

图 8　以做功（左图）和传热（右图）进行能量传递时分子运动的区别。做功导致原子在环境中的方向一致的运动，加热则激发了原子的无规则运动。

现在讨论热的分子本质。在第 1 章我们已经知道，温度是一个参数，用于指示原子在各允许能级上的分布数。温度升高，高能级上的原子数增多。用形象的语言描述就是，一块高温铁块是由许多在它们平均位置附近剧烈振荡的原子组成的。低温时，这些原子继续振荡，但是不那么剧烈了。如果一个热的铁块与一个冷的铁块连接在一起，热铁块边缘的剧烈振荡的原子会撞击冷铁块边缘振荡不那么剧烈的原子，这样就使冷铁块原子的振荡也变得剧烈了起来。它们通过相邻原子的撞击实现能量的传递。任何一个铁块都没有净运动，但是连接在一起的铁块通过这种无规则的撞击使能量从高温铁块传递到了低温铁块。也就是说，热是利用原子在环境中的不规则运动的能量传递（图8）。

一旦能量处于系统内部，无论是利用原子在环境中的均匀运动(降落的重物)，还是利用自由振荡的原子(一个更热的物体，例如火焰)，都不会记住能量是如何传递的。一旦处于系统内部，能量会被原子以动能(由于运动的能量)或势能(由于位置的能量)存储起来，这些能量可以通过热传递或做功的形式向外输出。功和热的区别是在环境中产生的，系统不会记住能量是以什么方式传递的，也不关心储存的能量怎样被利用。

这里需要就传递形式的这种视而不见略作进一步的解释。这样，如果绝热容器内气体被一个下落重物压缩，进入容器的活塞就像一个微观乒乓球比赛的球拍。当分子撞击到活塞，分子就会被加速。然而，由于这些分子反弹回来在系统内与其他分子继续相互撞击，结果是增强的动能通过这些分子迅速在系统内扩散，它们的运动方向也变得杂乱无章。当加热同一气体样本时，环境中原子的无规则撞击激励气体分子运动得更加强劲，导热壁附近分子的加速度迅速蔓延到所有样本。对于系统来说，做功和传热的效果是相同的。

我们现在再回到先前做的一个较难以理解的解释，也就是最好将电加热器看做电做功器。通过加热器内线圈的电流是电子的均匀流动。那些电流中的电子与电线的原子碰撞，并使电线中的原子在其平衡位置附近振荡。也就是通过做功提高了线圈的能量，以及温度。然而，线圈与系统内的物质是热接触的，线圈中运动强劲的原子撞击系统内的原子；这就是灯丝加热了系统。所以尽管我们是对加热器做功，实际上功已经以热量的方式传递到了系统:做功器已经变成了加热器。

　　还有一点,热和功的分子阐释也从一个方面说明了文明的起源。火早于燃烧燃料得到功。火产生的热——原子无序运动产生的无规律功——是很容易设计利用的,因为无规律功是不受约束的。功是受控的能量,需要更巧妙的方法才能得到。因此,人类早就在无意中利用了火,但是又经过了数千年才发明了蒸汽机,内燃机,喷射式发动机。

　　热力学的创始人是一群精明的人,很快意识到他们需要很小心地描述一个过程是怎样进行的。尽管在我们讨论的层面,现在描述的技术细节与第一定律还没有直接联系,但是这些知识对第二定律非常重要。

　　在第1章中我曾经说过,科学家们"征用"了一些我们日常熟悉的词语,赋予它们新的精确的含义。现在,我们又需要"征用"一个词了——"可逆的"。在日常用语中,一个可逆过程就是一个可以被逆转的过程。例如,可以向前滚动一个轮子,然后再向后滚回来,我们可以说它是可逆的;我们去某地旅行,然后回来,我们可以说旅行也是可逆的。对于一个气体系统,向下压活塞,则使气体压缩;向上提起活塞,则可使系统回到起点。不过,在热力学中"可逆的"含义是相当严格的。热力学中的可逆过程是指系统可回到原始状态,同时环境几乎没有变化的过程。

这里的关键词是"几乎没有变化"，或者说"无穷小的变化"。我们想象系统中压力是定值的某一气体，外界压力略低于系统的气体压力，活塞慢慢向外移动。此时外界压力发生的"无穷小的变化"，不足以使活塞返回。我们可能感觉这种膨胀就是可逆的，但这不是热力学意义上的可逆。如果将一块 20℃的铁块（系统）浸入 40℃的水浴中，能量将以热量形式由水浴流入铁块，水温的变化是无穷小的，不会影响热传递的方向。这种以热量形式进行的能量传递在热力学上是不可逆的。现在我们再设想这样一种情况，外部压力正好等于系统内的气体压力。正如我们在第 1 章看到的，我们说这时系统与外界处于力平衡。首先将外界压力增加一个无穷小的量，活塞随之向内移动了一个无穷小的距离。现在再将外部压力减小一个无穷小的量，活塞则随之向外移动了一个无穷小的距离。我们看到活塞的运动方向由某一性质的无穷小的变化引起，此处就是环境压力无穷小的变化。我们说这种膨胀在热力学意义上是可逆的。同样，我们设想有一个与外界温度相同的系统。此系统与环境处于热平衡。如果外界温度降低一个无穷小的量，系统的能量将以热量形式流出一个无穷小的量。如果外界温度升高一个无穷小的量，环境中的能量将以热量形式流入系统一个无穷小的量。我们说这种能量传递（热传递）在热力学意义上是可逆的。

如果气体膨胀的每一步都是可逆的，系统对外则做了最大功。可以说，开始外部压力等于系统内的气体压力，然后外压降低无穷小的量，活塞向外移动一个无穷小的距离。由于系统体积变大，气体压力减小一个无穷小的量，系统重新达到平衡。然后外压再降低一个无穷小的量，活塞又向外移动一个无穷小的距离，气体压力随之降低一个无穷小的量。持续此过程，确保外压与气体压力一致，直到活塞移动到预期位置。如果活塞连接一个重物，它已经做了一定数量的功。因为如果在每一步中外压增加无穷小的量，活塞将会向内移动而不是向外移动，所以系统不会再做更多的功。也就是说，通过确保每一步的膨胀都是热力学可逆的，系统做了最大功。这个结论是普遍的——可逆变化对外做功最大。我们将在接下来的章节利用此结论。

※　　※　　※

热力学家们在讨论从系统中可以获得多少热量时也是相当敏感的，例如，我们通过燃烧燃料究竟可以获得多少热量。这个问题我们可以做如下分析。设想我们在一个装有活塞的容器内燃烧一定数量的碳氢化合物燃料。燃料燃烧生成二氧化碳和水蒸气，它们将比最初的燃料和氧气占据更多的空间，导致活塞向外移动使内部空间适应燃烧产物。膨胀需要做功。也就是说，燃料在一个可以自由膨胀的容器内燃烧时，燃烧释放出的能量部分可以用来做功。如果燃烧发生在刚性壁面容器内，燃烧也释放出相同数量的能量，但是由于没有发生膨胀，这些能量没有做功。换句话说，两者获得的能量相同，后者的热量比前者多。要计算前者产生的热量，必须计算出用来为二氧化碳和水蒸气提供更多空间所需要的能量，然后将其从总能量中减去。事实上，即使没有活塞存在——如果燃料在盘子里燃烧——尽管难以观察到，气体产物也占据了空间。

热力学家们提供了一种非常巧妙的方法用于计算发生状态变化时做功所需能量，此方法特别适用于燃烧过程，它不需要精确计算出各种实际情况做的功。为此，他们把注意力从系统内能、总能量转移到一个更紧密相关的量——焓（记为 H）。此名称来自希腊词汇"内部的热"，尽管我们已经强调过并没有"热"这种物质（它是一个传递过程，不是一种物质），我们将会看到这个名字是经过慎重考虑后选择的。焓 H 与内能 U 的关系为 $H = U + pV$，其中 p 表示系统压力，V 表示系统体积。从这个关系式可知，大气环境下一升水的焓值比它的内能大 100 J。除了知道它们在数值上的差值，更要理解此差值的意义。

事实证明，无论系统经过怎样的变化，无论是直接由起始状态变化到终止状态，还是经过一系列的过程，只要始末状态相同，则在过程中释放出来的能量相同，都等于系统焓值的变化。这实在不可思议，实际上此关系可由数学推导得出——用焓计算系统的能量变化时，自然包含了系统所做功的计算。换句话说，引用焓是这种计算方法的基础。用此方法不必考虑系统所做功，只显示系统释放的热。不过，前提是系统可以自由膨胀，系统处于大气压力下，系统压力恒定。

由此，如果我们要计算在一个开口容器内燃料燃烧产生的热量,例如锅炉内的燃烧,直接计算燃烧过程前后焓的变化即可。该变化记为 ΔH,其中,希腊大写字母 Δ 表示差值,整个热力学都用它表示变化。由系统焓的变化即可得到系统热的变化。举一个实际例子。1 升汽油燃烧前后焓的变化为 33 兆焦(耳)(1 兆焦记为 1 MJ)。因此,不需其他计算我们就可知道,在敞开系统燃烧 1 升汽油能提供 33 MJ 的热。进一步分析这个过程会发现,系统在燃烧过程中产生气体膨胀做功 130 kJ(1000 焦记为 1 kJ),但是这部分能量我们并不能以热量形式得到。

130 kJ,足以把半升水从室温加热到沸点了。如果能够阻止气体膨胀,那么燃烧过程释放的所有能量都会变成热,我们就可另外又得到 130 kJ 的能量了。要达到此目的,燃烧必须在一个刚性壁面的封闭容器里进行,这样气体将不会膨胀,也就不会对外做功,也就不会损失任何能量了。实际上,对大气敞开的锅炉在技术上更容易实现,而且这两种情况能量的利用差别不大,不值得费劲制造封闭锅炉。不过,热力学是一门严格的、逻辑性很强的学科,必须准确、系统地计算所有能量。在热力学的严格计算中,必须时刻记住内能与焓的差别。

液体的汽化需要外界输入能量,因为汽化前后分子彼此的距离增加。这部分能量通常以热量形式提供。也就是利用液体与环境之间的温度差。在以前,蒸气中储存的这部分额外的能量称为"潜热",因为蒸气冷凝成液体时这部分能量会释放出来,平时"潜伏"在蒸气中。水蒸气会烫伤人(灼热效应)就是一个很好的例证。在现代热力学术语中，以热量形式提供的能量以液体的焓值变化来确定，术语"潜热"已经由汽化焓所替代。1 g 水的汽化焓接近 2 kJ，因而，1 g 水蒸气冷凝释放出 2 kJ 热量。当我们的皮肤接触蒸汽时，冷凝释放出的能量足够破坏皮肤的蛋白质。同样存在对应熔化固体所需要的热，"熔化焓"。相同质量下，熔化焓比汽化焓小得多，我们不必担心接触正在结冰的水会烫伤皮肤。

※　　※　　※

我们在第 1 章谈到第零定律时知道，"温度"是一个参数，用于表明系统占据可用能级的情况。我们现在的任务就是弄清楚第零定律的温度和第一定律的内能以及导出的焓之间的关系。

当系统温度提高，Boltzmann 分布宽度增大，粒子从较低能态迁移到较高能态。因此，系统平均能量增加，因为系统平均能量取决于粒子所处能态的能量以及每个能态上的分子数。换句话说，温度升高，内能升高。焓值也随之增大，但是我们不需要将内能和焓分开考虑，因为焓或多或少反映了内能的改变。

内能值与温度关系曲线的斜率称为系统的热容（记为 C）。[2]

---

② 较准确的定义是 C＝提供的热量/系统的温度变化。1 J 热量能使 1 g 水温度升高约 0.2℃。

升高同样的温度,高热容物质(例如水)所需热量比低热容物质(例如空气)所需热量多。在热力学计算中,加热条件必须给定。例如,如果加热发生在定压条件下,加热对象可自由膨胀,部分热量用来膨胀做功了。加热对象得到的能量减少,温升比定容条件下小,因此我们说定压条件下的热容较高。对于气体,定容和定压下系统的热容差别很大。在可自由膨胀的容器内加热气体,其体积会增加很大。

热容随温度变化而变化。一个重要的实验现象是:温度降低到接近绝对0度($T=0$)时,所有物质的热容都会降为0。这一现象对后面的章节非常重要。非常小的热容意味着对系统传递很少的热就会导致系统温度的剧烈升高。要达到非常低的温度必须面对这一问题。对于温度非常低的系统即使少量的热量泄露就会对系统温度造成很严重的影响(见第5章)。

正如先前那样,我们也可以考虑整个可用能态上的分子分布,深入到分子层面理解热容。物理学上有一个深奥的定理,称为波动-耗散定理。此定理说明系统耗散(实质上是吸收)能量的能力正比于相应参数在其平衡位置附近的波动幅度。热容是一种耗散术语:它可衡量物质通过热量形式吸收能量的能力。相应的波动术语是系统中粒子在各能态上的分布。当系统内所有分子处于单一能态,则不存在粒子的分布,粒子的"波动"是0;相应的,系统的热容也为0。正如我们在第1章所看到的,$T=0$时,系统中粒子只占据最低能态,由波动-耗散定理我们可以推断出热容也是 0，与实际观察的相同。如果温度升高一点，粒子则会分布到一系列能态中，热容将不再为 0，这也与实际观察的一致。

在多数情况下，粒子的分布随温度升高而变宽，通常热容也随温度的升高而增大，这与我们的观察一致。然而，它们之间的关系比这还要复杂得多。实际上，随温度升高，粒子分布的增加趋势变缓；因此，尽管粒子分子随温度升高在变宽，但是相应的热容并没有增加得那样快。某些情况下，宽度的增加正好与热容相关的比例系数的减小相抵，结果热容稳定在一个恒定值。这种情况是所有基本运动形式的贡献：平移（空间运动），旋转，分子的振动，所有这些运动都稳定在一个恒定的值。

为了弄清温度升高时每种物质热容和内能的真实值，我们首先需要弄明白物质的能级与其结构的关系。一般地说，对于较重的原子，各能级离得很近。对于平动能，其能级甚至连成一片，气体分子的各旋转能级离得较远，振动能级——与分子中原子的振动相关——离得更远。因此，加热一个气体样品，分子很容易受激到更高的平动能级（或者说，分子运动更快）；在所有实际情况下，分子快速地分布到所有旋转态（或者说，分子旋转更快）。因此，在每种情况下，分子的平均能量以及系统内能都随着温度的升高而增加。

固体分子既不能在空间自由运动，也不能自由旋转。不过，它们可以在其平衡位置附近振动,并以此方式吸收能量。固体的整体振动与分子内原子的振动相比,前者振动频率更低,因此,它们更容易被激发。给一个固体样本供给能量就可以激发这些振动,更高能态的粒子数增加,也就是 Boltzmann 分布达到一个更高的水平,我们发现固体的温度已经升高了。相似的解释可应用于液体。液体中的分子运动不像固体那样严重受限。水的热容很大,意味着升高水温需要大量能量。反过来说,热水储存了大量能量。这也就是为什么水是中央供热系统很好的介质(当然,它也很便宜),这也就是为什么海洋变热很慢变冷也很慢,这些对我们的气候稳定很重要。

综前所述,内能简单说来就是系统的总能量,系统所有分子以及它们相互作用的能量总和。与内能相比,焓的分子解释则难得多,因为它是人们为了便于记录膨胀功而人为设置的一个状态参数,而内能是一个基础参数。考虑到这一点,最好把焓当作一总能量的计量单位,同时要记住,这并不十分严格。简而言之,系统温度升高,其分子占据的能级随之不断升高,升高,其平均能量也随之不断升高,升高——内能、焓都随之升高。只有系统的基础状态参数才能给出精确的分子层面的解释,包括温度、内能,以及下一章将会看到的熵。分子解释不能用于"计算"状态参数,这些参数只是为了计算简便,人为设置的。

※   ※   ※

第一定律实质上是基于能量守恒，也就是能量既不能被创造也不能消失的事实。守恒定律——描述某一参数不变的定律——有非常深层次的起源。这也是科学家，尤其是热力学家，对于"没有任何变化"如此兴奋的原因之一。有一个著名的理论，Noether(诺特)理论，由德国数学家 Emmy Noether（1882～1935）提出。该理论说，对于每一个守恒定律，都对应有一种对称性。因此，各种守恒定律都是建立在我们栖息的宇宙的各种形态之上的。对于能量守恒定律也不例外，它是基于时间的对称性而建立的。因为时间是均匀的，所以能量是守恒的。时间在匀速流逝，它不会忽而聚成一团，加快前进；忽而慢慢铺开，流速放缓。时间是一个均匀的坐标系。如果时间忽而聚集忽而展开，能量将不再守恒。这样看来，热力学第一定律是建立在我们所处宇宙的一个非常深奥的方面，早期的热力学家们在不知情中窥见了其奥秘。

3

第二定律：熵增原理

给化学专业大学生作热力学报告时，我经常开篇就讲："没有任何科学定律对人类思想解放的贡献可以超过热力学第二定律"，我希望你们通过本章学习理解个中缘由，或许，你们也会同意我的观点。

第二定律一直以其深奥、出奇的难懂，以及科学素养的试金石而闻名。的确，小说家兼原化学家 C. P. Snow 之所以闻名，是因为他在《两种文化》一书中宣称，不知道热力学第二定律如同从未读过莎士比亚的作品。实际上，我一直非常怀疑 Snow 本人是否真正理解第二定律，不过，我很赞同他的观点。第二定律是整个科学的中心，也是我们理性理解宇宙的关键，因为它是我们理解宇宙中一切变化的基础。因此，它不仅是我们理解发动机运行，化学反应发生的基础，而且也是我们理解化学反应最精美结果，以及文学、艺术和音乐创造力行为的基础。

正如我们在第零定律和第一定律的介绍中看到的，热力学定律的表达式和阐述都需要引入一个系统热力学参数：温度，T，源于第零定律；内能，U，源于第一定律。同样，第二定律意味着存在另一个热力学参数，熵（记为 S）。在开始阶段，为了具体地形成我们的想法，在整个过程中不妨设想 U 是用来度量系统所储藏能量的数量，而 S 是衡量能量的质量——低熵值意味着高质量；高熵值意味着低质量。我们将在本章对此进行详细阐述。最后，随着参数 T，U 和 S 的建立，我们将建立起整个经典热力学的基础。就此而言，整个学科就是建立在这三个参数基础上的。

关于此还有最后一点需要指出——科学的动力来源于抽象，这一点将贯穿本章。因此，尽管自然界的特征也许建立在对具体系统的细致观察基础上，但是，通过用抽象术语表达后，则可拓展其适用范围。事实上，我们将会在这一章看到，尽管第二定律是通过笨重的蒸汽机铁铸实物建立起来的，但是当以抽象术语表达时就可以适用于所有变化。也就是说，蒸汽机抓住了变化的本质，无论这一变化实际上是如何实现的。我们所有的行为，从思想领悟到艺术创作，从内心来讲都制约于蒸汽机的原理。

※　　※　　※

就真实而不是抽象的形式而言,蒸汽机是由铸铁加工而成的,包括锅炉,阀门,管道和活塞。蒸汽机的本质尽管有点简单——它由以下部分组成,热能源(高温);一个活塞或透平装置,用来将热转化为功;一个冷阱,用来以热量形式排放没有利用的能量。最后一项,冷阱,通常可能不易辨别,因为有时冷阱就是发动机周围的环境,而不是特别设计的物质。

19世纪早期,法国人一直在不安地注视着海峡对面英国的工业化进程。英国人利用丰富的煤炭资源使煤矿的抽水效率日益提高,驱动了新型工厂的发展,这使得法国人羡慕不已。一个年轻的法国工程师 Sadi Carnot(1796～1832)分析制约蒸汽机效率的因素,寻求为祖国的经济和军事力量做点贡献。为了获得更高的效率,当时流行的巧妙方法是选择不同的工作介质——或许是空气而不是水蒸气,或者使蒸汽机工作在危险的高压环境下。Carnot 接受了热是一种无质量的流体的观点,当从热端流到冷端时热能够做功,就像水向下流动一定梯度可以驱动水车。尽管他的模型是错误的,但是卡诺还是能够得到正确而且惊人的结果:理想蒸汽机的效率与工质无关,仅取决于提供热的高温热源温度和排放废热的冷阱温度。

蒸汽机(通常指热机)的"效率"定义为系统输出功与吸收热之比。因此,如果所有的热都转换为功而没有任何损失,那么效率就是 1。如果仅有一半的供给热转化为功,剩余一半排放到大气中,那么效率就是 0.5(一般用百分数表示,50%)。Carnot 推导出,工作在绝对温度 $T_{热源}$ 和 $T_{冷阱}$ 之间的热机,其最大效率的表达式如下：

$$效率 = 1 - \frac{T_{冷阱}}{T_{热源}}$$

这一十分简单的公式适应于任何热力学理想热机,与热机的结构设计无关。它给出了热机的最大理论效率,再复杂的设计也不能超越此限制。

例如,设想一个电厂为透平机提供的过热蒸汽温度为 300℃ (573 K),允许废热排到环境温度为 20℃ (293 K)的大气环境中,最大效率就是 0.46,也就是说燃料燃烧放出的热量只有46%可以转换成电能。只要这两个温度一定,无论设计怎样复杂,热机效率都不可能再提高。要提高转换效率只有降低环境温度,但是对于实际的工业设备这是不可能的,或者再就是提高蒸汽温度。要使效率达到 100%,环境温度必须降到绝对 0 K ($T_{冷阱}=0$),或者蒸汽温度无限提高($T_{热源}=\infty$),这都是不现实的。

Carnot 对热机的分析从深层次揭示了热机的特性,但是此结论与当时的工程偏见相违,以致影响甚微。人类社会中理性思维常遭此命运,必须经受炼狱的考验。19 世纪末,就在人们几乎遗忘了 Carnot 的工作时,热学的研究兴趣又被重新点燃,同时两位才华横溢的科学巨匠走到了前台,从一个新的角度思考变化的问题,尤其是热转化为功的问题。

第一位科学巨匠是 William Thomson,Lord Kelvin (1824～1907)随后,重新思考了热机的基本结构。他们较少考虑热源,或者说较少考虑往复式活塞,Kelvin(这样称呼他有点不妥)观察到了事情的另一面。他认定,恰恰是无形的部分是不可缺少的。他发现,冷阱(经常用下标"环境"表示)很重要。Kelvin 也认识到,如果没有环境,整个热机将难以运行。Kelvin 给出如下热力学第二定律更精确的陈述(图 9)。

没有一个循环过程可以将从热源中获得的热量完全转化为功。

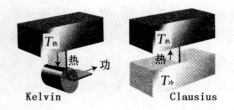

图 9   Kelvin(左)和 Clausius(右)分别观察到冷阱是热机运行的必要组成部分,并且观察到热量不会自发地从低温物体流向高温物体。

换句话说，自然界对从热到功的转换征收了赋税，高温热源提供能量的一部分必须以热量形式排向环境。必须要有个冷阱，尽管我们有时可能很难觉察到它的存在，并且有时并不需要专门的设计。在此意义上，冷却塔对于电站的运行来说非常重要，远比复杂的透平机和驱动透平机的、昂贵的核反应堆重要。

第二位巨匠是 Rudolph Clausius(1822～1888)，他在柏林工作。他思考一个更加简单的过程：在两个有温度差的物体之间的热流。他认识到能量通常以热量形式从高温物体自发流向低温物体。"自发的"是另一个被科学"征用"的词汇，并且赋予了精确的含义。热力学中"自发的"意思是指不需要通过任何做功来驱动的过程。广义地讲，"自发的"和"自然的"是同义词。不像日常语言，"自发的"在热力学中并没有隐藏有"速度"的意义，它不意味着速度快。"自发的"在热力学中指的是变化发生的趋势。尽管有些自发的过程速度很快（例如，气体的自由膨胀），但是有些则是无限地慢（例如，钻石转化为石墨）。"自发性"是表示热力学趋势的术语，但不必是现实必须发生的。热力学不涉及速率。对于 Clausius 来说，能量有以热量形式从高温物体流向低温物体的趋势，但是如果物体之间有绝热物隔开，这个自发的过程就不会发生。

Clausius 进一步认识到，逆向过程，从冷系统向热系统——也就是从低温系统向高温系统——的热量传递不是自发的。他因此认识到自然界中的一个不对称现象：尽管能量有以热量形式从高温向低温迁移的趋势,但是逆向过程不是自发的。他构想出来的这个有点显而易见的表述就是现在众人熟知的热力学第二定律的 Clausius 表述(图 9):

热量不可能从低温物体流向高温物体而没有伴随任何其他变化。

换句话说,热量可以沿"逆向"(非自发的)传递,但是为了实现该传递,必须对系统做功。我们在日常生活中就可观察到此现象:我们可以用冰箱冷却物体——取走物体的热量,排放到温暖的环境中。但是这一过程必须做功——冰箱必须由电源驱动。驱动冰箱运转的电可能来自遥远的发电站。在发电站中燃料燃烧发电,环境发生了变化。

Kelvin 和 Clausius 的论述都是对观察现象的总结。他们观察到,没有人已经制造出一个可以工作的没有冷阱的热机。尽管也许实际存在这样的热机只是他们没有看到。他们也没有发现一个冷物体自发地变热,以致其温度高于周围环境。就这点而言,他们的论述的确都是自然法则。用专业用语来说就是:这是穷举观察的总结。不过,有两个第二定律吗?为什么不将Kelvin 的叙述称为第二定律,Clausius 的称为第三定律呢?

答案是这两个表述逻辑上是等价的。也就是说,Kelvin 的表述包含了 Clausius 的表述,而 Clausius 的表述包含了 Kelvin 的表述。下面我就从两个方向证明它们的等价。

　　首先，设想有两个热机连接在一起（图 10）。这两个热机共享同一热源。热机 A 没有冷阱，但是热机 B 有。我们利用热机 A 驱动热机 B。我们运行热机 A，暂时假定，与 Kelvin 的表述相悖，也就是热机 A 从热源提取的热量全部转化为功。这些功用来驱动热机 B，使低温热源的热量传递到它们共享的高温热源中。净效应是补偿了从高温热源取走的能量；另外，热机 B 还从低温热源中取出一部分热量。也就是说，热量从低温热源传递到高温热源而没有留下任何痕迹，这是与 Clausius 的表述相悖的。因此，如果发现 Kelvin 的表述是错误的，那么反过来也证明了 Clausius 的表述也是错误的。

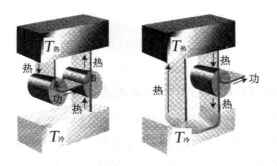

图 10　Kelvin 和 Clausius 的表述是等价的。左图描述 Kelvin 的表述错误也就意味着 Clausius 的表述也是错误的。右图描述 Clausius 的表述错误也就意味着 Kelvin 的表述也是错误的。

　　现在再思考一下 Clausius 的表述错误意味着什么。我们建立了一个有高温热源和低温冷阱的热机，并且运行该热机使它做功。在这个过程中，我们将部分热量排放到冷阱中。然而，作为一个巧妙的设计,我们安排部分热量自发地回到高温热源,正好与排放到冷阱的热量等量,这是与 Clausius 的表述相悖的。最终结果是将所有热量都转化为功,而没有发生任何其他变化。因为总的效果是冷阱没有发生变化,这又与 Kelvin 的表述矛盾。因此,我们得出结论,如果 Clausius 的表述是错误的,那么 Kelvin 的表述也是错误的。

至此我们已经看到,如果第二定律的任何一个表述是错误的都会推出另一个表述也是错误的,所以逻辑上这两个表述是等价的。我们可以将两者中的任何一个看做热力学第二定律的等价表述。

※　　※　　※

这里我们可以得出一个有趣的结论,好像有点与正题无关,我们可以单纯基于力学实验建立一个温标体系,只用砝码、绳索和滑轮制作一个温度计。你们将记忆带回到第零定律,第零定律引入了状态参数温度,但是除了华氏温标和摄氏温标,我们还提及存在另外一个更基础的热力学温标,只不过那时我们没有给出此温标的定义。Kelvin 认识到可以通过 Carnot 的热机效率表达式定义一个以功为单位的温标。

我们用希腊字母 ε 表示理想热机的效率,效率就是输出功除以吸收的热量。热机的输出功可以通过已知重量的重物被提

升的高度来测量,这一点讨论第一定律时提到过。热机吸收的
热量,至少在理论上,也能通过测量重物下落的高度计算得出。
如此,正如我们在第 2 章看到的,以热量形式传递的能量可以用
这样的方法测量:观察在绝热容器中完成一个指定变化需要做
多少功,然后测量出在非绝热容器中完成相同变化又需要做多
少功,两次做功的差值就是第二个过程以热量形式传递出去的
能量。因此,理论上,热机效率可以单单通过一组实验观察重物
提升或下降的距离得到。

其次,根据 Carnot 表达式,$\varepsilon = 1 - T_{冷阱}/T_{热源}$,我们可以导出
$T_{冷阱}/T_{热源} = 1 - \varepsilon$,或者 $T_{冷阱} = (1-\varepsilon)T_{热源}$。因此,要测量冷阱
的温度,我们可以简单地用重物测量热机效率,再用公式换算得
出。如果我们已知 $\varepsilon = 0.240$,那么冷阱的温度一定
是 $0.760 T_{热源}$。

$T_{热源}$ 如何取得? 我们可以选择一个可高度重复的系统,比
Fahrenheit 的腋窝更加可靠,并且将它的温度定义为某一特定
值,然后将此标准系统当做热机的高温热源。在现代,我们将三
相平衡点水的温度定义为 273.16 K。所谓三相平衡点,就是液
态、气态和固态水平衡共存点。对于水,三相点是不变的。它不
受任何外界条件变化的影响,例如任何压力下,只要水处于三相
点,温度就是唯一不变的。也就是说,三相点是高度可重复的。
因此,如果这里热机的热源温度就等于三相点温度,如上所述,
我们通过观察重物下降距离测量热机效率,得出 $\varepsilon = 0.240$,就

可以计算出冷阱温度为 0.760 × 273.16 K = 208 K（对应 −65℃）。选择水的三相点来定义开尔文温标完全是随意的，不过此选择优点突出，银河系中的任何人都可复现此温标，而没有任何含糊不清之处。因为无论在什么地方，水的特性都是同样的，我们不必调整任何参数。

我们日常使用的摄氏温标定义为在开尔文温标基础上减去 273.15 K。因此，在大气压力下，水的冻结温度为 273 K（更精确点，低于三相点温度 0.01 K，接近 273.15 K），对应摄氏温度 0℃。水的沸点温度为 373 K，对应摄氏温度接近 100℃。然而，这两个温度不再是温度的定义，因为当 Anders Celsius 1742 年提出摄氏温标时，水的冰点和沸点仍需由实验测定，而且其精确值仍然在讨论中。水的正常冰点的可靠值为 273.152 518 K（+0.002 518℃），正常沸点的可靠值为 373.124 K（99.974℃）。

最后一点，热力学温度有时也称为"理想气体温度"。此名称源于用理想气体表示温度。所谓理想气体，是一种假设气体。假设理想气体分子间没有相互作用力。已经证明，此定义与热力学温度是一致的。

※　※　※

第二定律有两种表述似乎不妥，但这有实用价值。我们面临的挑战是找到一个单独且简洁的表述，囊括上述两种表述。

为做到这一点，我们追随 Clausius 的思路，引入一个新的热力学函数，熵，S。此名称起源于希腊词语"轮换"，这对我们的理解并没有很大帮助；之所以选择 S 表示，的确考虑到字母 S 的形状有"轮换"的感觉。不过，选择 S 其实是随意、武断的。这个字母在当时必须没有用于其他热力学参数。自然而然地从字母表中靠后的字符选起，与 P，Q，R，T，U，和 W 临近，只剩下 S 了，其他字母都已经有主了。

数学推导令人信服，不需要在这里停留更多时间。Clausius 把系统熵的变化定义为以热量形式传递的能量除以环境的温度（热力学绝对温度）：

$$熵变 = \frac{提供的可逆热}{温度}$$

这里我加入了限制条件"可逆的"，这非常重要。正如将要看到的，我们想象热量传递在系统与环境无穷小的温度差下进行。简而言之，热量传递必须没有引起任何区域热运动的湍动。

在本章开头我提到熵将被证实是储存能量"质量"的度量标准。随着本章内容的展开，我们将会明白"质量"的具体含义。由于我们刚刚遇到这个概念，我们可以将熵看成混乱度。如果物质和能量的分布杂乱无序，例如气体的情况，熵值则较高；如果物质和能量的分布井然有序，例如晶体的情况，熵值则较低。脑海中有混乱度的思想，我们将进一步探究 Clausius 表达式的意义，从而证实把熵作为系统混乱度的量度是有道理的，可信的。

　　为了理解 Clausius 给出的熵变定义,我曾经用过一个不太严格的比喻。假设有一个热闹的街道和一个安静的图书馆,有一人分别在两处打喷嚏。安静的图书馆好比一个低温系统,几乎没有无序的热运动;打喷嚏好比以热量形式传递能量。在图书馆里突然打一个喷嚏具有很强的扰乱性,混乱度会增加很多,熵值也将大大增大。另一方面,热闹的街道好比一个高温系统,系统中热运动很多。同样打一个喷嚏相对来说混乱度的增加很小,熵值的增加也会很小。不过,两种状况熵增都近似与温度(只是温度 T 的一次幂,不是 T^2,也不是更复杂的关系)的倒数成正比;温度越低,熵变越大。两种状况增加的混乱度都与喷嚏的大小(以热量形式传递的能量)成正比,或者与能量的某种幂次(实际上是一次幂)成正比。以此看来,Clausius 表达式与这个简单的类比是一致的,一定要牢记此类比嗷,它会帮助我们弄明白如何应用熵的概念,并且丰富我们对熵的理解。

　　熵变是以热量形式传递进系统的能量(单位 J)或向环境传出的能量与传递过程发生的温度(简称传递温度,单位 K)之比。熵的单位为焦耳每开(J·K^{-1})。例如,假设我们把 1 kW 的加热器浸入水温为 20℃(293 K)的水槽中,启动加热器加热 10 s,

水的熵增为 34 J·K⁻¹。③ 如果一瓶温度为 20℃的水损失能量 100 J,其熵就减少 0.34 J·K⁻¹。一杯(200 mL)沸水的熵比室温的熵约高 200 J·K⁻¹。此计算步骤稍复杂一点。

现在我们已经万事俱备,可以用熵表达第二定律了,并且可统一 Kelvin 和 Clausius 的表述。我们先将第二定律表述如下:

在任何自发变化过程中,宇宙的熵值都增加。

这里的关键词是"宇宙"。在热力学上,它总是指系统与其所处环境的集合。这里没有说系统或环境的熵值不能减小,只要在别处存在补偿的变化即可。

为了明白熵的表述包含了 Kelvin 的表述,我们考虑一个没有冷阱的热机,分别计算两部分的熵增(图 11)。热源释放热,系统的熵减小。当能量以功的形式传递到环境中,系统的熵没有变化。因为熵变的定义只是针对热量传递而言,做功没有熵变。当我们理解熵的分子本质后,会更深地理解这一点。系统再没有其他变化了。因此,总的来说,宇宙的熵减小了。这是违背第二定律的。由此可推出:没有冷阱的热机无法做功。

---

③ 功率是能量的供给速率,单位为瓦特,用 W 表示,1 W=1 J·s⁻¹。因此,1 kW 的加热器加热 1 h,3 600 s,提供能量 3 600 kJ。

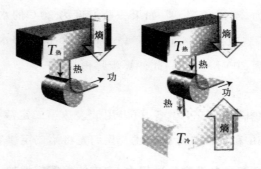

图 11 用熵阐述 Kelvin 和 Clausius 的论述。左图所示热机熵是减小的,不符合 Kelvin 的表述。右图所示过程不符合 Clausius 的表述,因为宇宙总的熵变减小——冷阱熵的减小大于热源熵的增加(系统没有其他变化)。

　　为了了解有冷阱的热机可以产生功,我们先来看一个实际热机。如前所述,当能量以热量形式从热源中释放时,熵值是减少的,而当部分热量转化为功时不会有熵的变化。然而,倘若我们没有把全部能量都转换为功,可以将部分能量以热量形式排放到冷阱中。那么,现在冷阱的熵值就会增加,并且倘若冷阱的温度足够低——也就是说,它是个足够安静的图书馆,哪怕很少的热量储存到冷阱中去,就能够引起冷阱熵值的增加,这部分熵值足以消除高温热源的熵值减小。因而,宇宙的熵值总的来说是增加的,但是前提是存在一个能产生正面贡献的冷阱。这就是为什么说冷阱是热机的核心部件的原因。只有冷阱存在时,熵值才能增加,且只有总过程是自发的,热机才能输出功。要驱动热机来使它做功,这比无用还要糟糕。

容易看出，必须有部分能量从热源中取出，排放到冷阱中，这部分能量是不能做功的。不能做功的能量占全部能量的分数只取决于热源和冷阱的温度。另外，排放的最小能量以及将热量转化为功的最大效率由 Carnot 公式给出。④

现在我们根据熵来考虑 Clausius 的表述。如果从冷物体中以热量形式取走一定量的能量，系统熵值则会降低。熵值的降低量会很大，因为物体温度很低——这是一个安静的图书馆。如果相同量的热量流入热物体，熵值也会增加。但是由于物体的温度很高——这是一个热闹的街道，引起的熵值增加的量则相对较小，肯定小于冷物体的熵值减小量。因此，总的来说系统的熵是降低的，该过程不能自发进行——这正好与 Clausius 的表述一致。

至此，我们理解了熵的概念包含了第二定律的两个等价的现象性表述，并且是自发过程的判据。第一定律和内能可以判别所有想象得到的变化中哪些是"可行的"。只要过程能量守恒，此过程就是"可行的"。第二定律和熵则用来判别"可行过程"中哪些可以"自发"进行。只有宇宙的总熵值增加，"可行过程"才可"自发"进行。

---

④　假设从热源取走的热量为 q，引起的熵值降低 $q/T_{热源}$。假设 q' 是排放到冷阱的热量，则熵值增加 $q'/T_{冷阱}$。因为总的熵变必须是正值，当 $q'/T_{冷阱}=q/T_{热源}$ 时得到排放到冷阱的最小热量 $q'=qT_{冷阱}/T_{热源}$。因此，系统输出最大功为 $q-q'$。

颇为有趣的是,熵的概念在维多利亚女王时代遇到了很大的麻烦。他们可以理解能量守恒定律,因为他们可以假设上帝给世界赠与的能量总量是准确的,正好等于所需量。能量总量永远保持不变。熵是干什么的？而且熵的值似乎总在增加。熵来源于哪里？上帝为什么没有赋予我们准确的、完美的、永恒不变的熵？

为了解决这些问题,并且加深对此概念的理解,我们需要从分子层面解释熵的概念,解释为什么在某种意义上说熵是混乱度的度量。

※　　※　　※

只要知道熵是混乱度的度量,预测许多过程的熵变就是很容易的事情,尽管实际的数值计算比我们这里的介绍要难一些。例如,气体等温(温度不变)膨胀,系统能量不变,但分子占据空间变大了,感觉上系统混乱度相对提高了,预测一个特定分子具体处于哪个位置更加困难,系统熵值相应也增大了。

还有一个更复杂精确的方法也可以得出相同的结论,并且可以更精确地描述"混乱度"的含义到底是什么。此方法就是想象一个盒子所隔离的区域,粒子在盒子中分布在各个能级上。量子力学可以计算这些允许能级(它归结为计算刚性壁面之间的驻波波长,然后把波长看成能量)。核心结果是当盒子的壁面离得更远,盒子空间变大,能级差降低,能级分布更密(图 12)。室温下分子占据的能级数以亿计,粒子分布符合此温度下的 Boltzmann 分布特性。盒子体积增大,Boltzmann 分布扩展到更多的能级。如果我们像盲人一样在盒子中随机选择一个分子,预测其能级变得更加困难。此处某一分子准确的占据哪一能级的不确定性的增加,是"混乱度"的真正含义,相应的,也是熵增的真正含义。

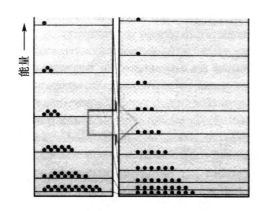

图 12 一个正在扩大的盒子区域内的粒子团的熵增,实际上是盒子扩大,允许能级更加靠近。假设温度不变,Boltzmann 分布跨越能级更多,随机选择某个占据某一能级上的分子的几率减小。也就是说,气体占据体积增大,混乱度增加,熵增加。

对于体积一定、温度升高的气体的熵变与此类似。经典热力学基于 Clausius 定义的简单计算告诉我们,系统温度升高,熵值增大。从分子层面也可以理解熵值的增加。因为体积不变的情况下温度升高,Boltzmann 分布的尾巴加长,相应的粒子占据能级的范围变宽。我们再做一次盲人，在盒子中随机选择一个分子，预测其能级变得更难，系统混乱度更高，熵值也更大。

这一点引出一个问题：在绝对 0 K（$T=0$）时系统的熵是多少？根据 Boltzmann 分布，$T=0$ 时，系统只占据最低能态（基态）。这意味着随机选择一个分子，我们可以完全确定所选分子肯定处于基态：能级的分布完全确定，熵为 0。

Ludwig Boltzmann 考虑到熵的计算，他提出，任一系统所谓的绝对熵都可以由下面的简单公式计算：

$$S = k \lg W$$

其中，k 是 Boltzmann 常数，我们在第 1 章讨论 β 和 T 的关系时遇到过。在那里，$\beta=1/kT$。出现在这里，只是要确保用此式计算得到的熵变与 Clausius 表达式计算的熵变相同。[5] 更有意义的是参数 W，它是微观状态数，系统具有相同能量的分子分布的方式（排列的"权重"）。此表达式实际使用比经典热力学表达式困难得多，它实际上属于统计热力学的范畴，那不是本书要介绍的。我们可以有把握地说，可以用 Boltzmann 表达式计算物质的绝对熵，尤其是具有简单结构的物质，例如气体；也能用它计

---

⑤　如果人类有先见之明，采用 β 作为温度的日常量度，Clausius 表达式就可以写成"熵变$=\beta q_{可逆}$"，Boltzmann 表达式也可以写成"$S=\lg W$"，熵则是一个纯粹的数字了。现在，我们只能因与简单之美失之交臂而默然伤感了。

算各种变化过程的熵变,例如膨胀过程和加热过程。其实这已经足够了。在所有例子中,熵变表达式与由 Clausius 定义推导出的表达式完全一致,我们可以确信,经典的熵与统计学的熵是一致的。

在此多说一点,有关个人历史的,就是 Boltzmann 的墓碑上刻有公式 $S=k\lg W$,这是一个绝妙的墓志铭,虽然他从未明确地写出此方程(写出此式的是 Max Planck)。逝者功德永存,生者心怀感激。

※　　※　　※

前面章节中还有许多小疑团,我们现在一一解开吧。因为 Clausius 表达式只能计算熵的变化,给出某一物质室温和绝对零度($T=0$)的熵差,在许多情况下,室温的计算结果与 Boltzmann 公式的计算结果的误差在实验误差范围之内。Boltzmann 公式用到的分子键长、键角等数据,都是通过光谱法得到的。不过,在某些情况下,热力学熵天生就与统计学熵有较大差异。

不必多说,我们前面已经假设系统只有一个最低能态,就是一个基态。$T=0$ 时,$W=1$,基态熵值为 0。用量子力学的术语说就是,我们已经假设基态"非简并"。⑥ 某些情况下这一假设是错误的。在这些情况下,对应最低能级,系统会有许多不同的能态。这时我们就说,这些系统的基态是高度简并的。最低能级对应的状态数用 D 表示。(我将立刻给出一个示例。)如果对应最低能级有 D 种能态,那么即使在 0K,随机选择一个分子,我们猜出其能态的可能性也只有 $1/D$。因此,即使系统 $T=0$,系统仍是混乱的,系统熵也不是 0。简并系统在 $T=0$ 时的非零熵称为系统的剩余熵。

固体一氧化碳是剩余熵的最简单例子。一氧化碳分子 CO 的电荷分布非常均匀(用学术语言说,就是它的电偶极距非常小),而且即使固体分子排列成…CO CO CO…,或…CO OC CO…,或其他任意方向,其能量几乎没什么不同。换句话说,固体一氧化碳的基态高度简并。如果每个分子的排列方向可以二选一,样本中有 N 个分子,那么 $D=2N$。即使 1g 固体一氧化碳也含有 $2×10^{22}$ 个分子,因此简并远不能忽视(计算一下,D 的值有多大?)。剩余熵等于 $k\lg D$,1 g 样本的剩余熵为 0.21 $J·K^{-1}$,与实验结果完全吻合。

似乎固体一氧化碳纯粹是一个简单示例,除了用来解释剩余熵几乎没有任何实际作用。不过,还有一种常见物质,这种物

---

⑥ 在量子力学里,所谓"简并",就是对应同一能级,有几种不同的状态。例如,旋转面或运动方向。"简并"是又一个被"征用"的日常用语。

质很重要,而且其基态也高度简并。这种物质就是——冰。我们并不是常常认为冰是一个简并固体,也许从未想过冰是简并的,但是它确实是。它的简并来源于环绕在每个氧原子周围的氢原子的位置。

图 13 显示了冰简并的来源。

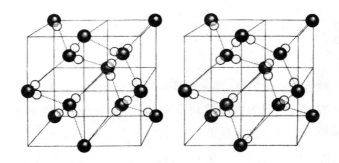

图 13　水的剩余熵,反映 $T=0$ 时的简并,是由氧原子(黑球)间氢原子(白球)位置的变化引起的。尽管每个氧原子与分子内的两个氢原子紧密黏附,同时与邻近的两个水分子的氢原子成氢键,排列方式有随机性。图中给出两种排列方式。

每个水分子(H_2O)含有两个较强的 O—H 键,两键键角约 $104°$。整个分子呈电中性,但是电子的分布并不均匀。氧原子一边聚集了部分负电荷,而氢原子一边由于氧原子的吸电致使其显正电。在冰里,每一水分子都环绕四个水分子,环绕的水分子呈四面体排列。带正电的氢原子被其临近的带负电的氧原子所吸引。分子间的氢氧连接称为氢键,表示为 O—H···O。氢键正是冰的剩余熵的成因,因为氢键可以是 O—H…O 的形式,也可以呈 O…H—O 的形式,具体是哪一种氢键则是随机的。每个水分子必定有两个短的 O—H 键(也可以将之称为 H—O 分子),两个 H…O(氢键)又与两个邻近分子连接。但是哪两个是短的(H—O 分子),哪两个是长的(氢键)则几乎是随机的。用统计学分析这种可变性,结果得出 1 g 冰的剩余熵为 0.19 J·K^{-1},与实验值吻合得很好。

※　　※　　※

熵的概念是热机、热泵和冰箱的运行基础。我们已经知道,热机的运行是因为热释放到冷阱中,这里的热释放引起的混乱度补偿了从热源以热量形式获得能量引起的熵的减小。通常增加的混乱度引起的熵增远大于热源发生的熵减。热机的效率可由 Carnot 表达式计算。从 Carnot 表达式可知,要取得最高效率,必须使热源温度尽可能高,冷阱温度尽可能低。因此,对于蒸汽机(包括蒸汽轮机、经典活塞发动机),最高效率都是采用过热蒸汽取得的。上述设计的出发点是,在热源处取得热量时引起的熵减尽可能小(好比为了不引人注意,最好在热闹的大街上打喷嚏),从而为了补偿此熵减在冷阱处发生的熵增就可最小,最终结果是,做功的能量可以更多,这正是发动机的作用。

冰箱则是将物体的热取走,并释放到环境中。此过程不会自发地进行,因为该过程的总熵是减小的。具体看来,当从要冷藏物体取走热量（安静的图书馆打喷嚏），熵会大大减小；该热量释放到高温环境中时，熵会随之增加。但是，由于环境温度较高（热闹的街道），熵增值小于起初的熵减值。因此，整个过程的净效果是熵减。我们在讨论 Clausius 表述的第二定律时进行过同样的讨论。此处我们直接拿来说事。这里用 Clausius 的话说就是：冰箱不会自动工作，除非给它通电。

为了取得净熵增，释放到高温环境中的能量必须大于从低温物体处取走的能量（在热闹的街道上打一个更响亮的喷嚏）。为了达到所需熵增，必须输入能流。我们可以对系统做功，所做功可以增加系统的能量。（图 14）

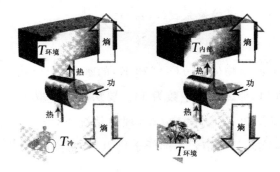

图 14 冰箱和热泵的运行过程。在冰箱中（左图），高温环境的熵增至少要等于系统（冰箱内）的熵减，这需要对冰箱做功向系统输送能量。在热泵中（右图），净熵增是相同的，不过此处的关注点是能量，需要向装置内部提供能量。

我们对系统做功时，原来从低温物体中取走的能量增大为

"热量＋功",释放到高温环境中的能量就是总能量"热量＋功"。如果对系统做功足够多,释放到高温环境的能量也足够多,产生的熵增也足够大,系统总的结果是熵增大,因此此过程可以进行。当然,为了产生驱动冰箱运行的功,在别处一定存在一个自发过程,比方说远处可能有一个电站。

冰箱的效率称为装置的"性能系数"。"性能系数"定义为从低温物体取走的热量与此过程系统输入功之比。性能系数越高,取走同样热量输入功越少——冰箱耗电量越少,冰箱效率越高。与脚注①相似的计算,⑦我们可以推出,如果物体(食物)要冷却到温度 $T_冷$,环境(厨房)温度为 $T_{环境}$,性能系数最大为

$$性能系数(冰箱)=\frac{1}{\dfrac{T_{环境}}{T_冷}-1}$$

例如,如果低温物体是 0℃ (273 K)的水,冰箱放在 20℃ (293 K)的房间里,那么性能系数为 14。要从冰水中取走 10 kJ 的能量,这足以使 30 g 的水结成冰,理想情况下,需要对系统做功 0.71 kJ。实际的冰箱效率远低于热力学的计算值,因为环境中

---

⑦ 设想我们以热量形式从温度为 $T_冷$ 的低温物体取走一定的能量,并将之释放到温度为 $T_{环境}$ 的环境中,物体的熵减少 $q/T_冷$,环境的熵增加 $q/T_{环境}$。不过,如果我们对系统做功 W,它加入到系统能流中,释放的热量增加为 $q+W$。结果,环境的熵增加了 $(q+W)/T_{环境}$。为了使功 W 正好抵消低温物体减少的熵,必须满足 $(q+W)/T_{环境}=q/T_冷$,也就是 $W=(T_{环境}/T_冷-1)q$。因此,定义性能系数 $c=q/W$,则得到 $W=q/c$。

的热会进入冰箱,而且外界提供的能量也不能完全用来做功。空调和冰箱本质上是一样的,上述计算也可让我们明白为什么使用空调很费电,为什么使用空调会破坏环境。它也受第二定律的控制,挑战自然必定需要消耗大量能量。

　　冰箱工作时,释放到环境中的能量有两部分。一部分是从冷藏冷冻物体取走的能量,一部分是冰箱运行所需能量。这个原理是热泵运行的基础,热泵将外部的热泵送到内部,从而加热内部区域(例如房子的内部)。热泵实质上也是个冰箱,只是外界是凉爽的物体,热传递到要加热的区域。也就是说,我们的兴趣是冰箱背面的散热,而不是它的内部。热泵的性能系数定义为向加热区域(温度为 $T_内$)释放能量(以热量形式)的总和与完成此过程所做功之比。性能系数的计算与此前的计算类似。环境温度为 $T_{环境}$ 时,理论上性能系数最高为

$$性能系数(热泵) = \frac{1}{1 - \dfrac{T_{环境}}{T_内}}$$

因此,如果需要加热区域的温度为 20℃（293 K）,环境温度为 0℃（273 K）,性能系数则为 15。为了向加热区域内部释放 1 000 J 热,我们只需做功 67 J。换句话说,1 kW 热泵的效果等同于 15 kW 的加热器。

※　※　※

我们在本章开头就断言我们都是蒸汽机。如果"蒸汽机"的定义足够抽象，这一断言绝对正确。无论哪里，只要是无序变有序，腐朽变神奇，一定有某处变得更加混乱无序，宇宙总的结果是更加混乱无序。我们已经领略了所谓混乱无序的真谛。对于一个实在的热机，我们对上述论断已经确信无疑。事实上，此论断放之四海而皆准。

例如，对于内燃机，烃燃料燃烧产生气体，气体体积是原来燃料体积的 2 000 多倍（如果考虑燃烧所耗氧气，体积增加仍为 600 多倍）。另外，能量通过燃烧释放到环境中。内燃机恰好利用了此处混乱度的增加，使得某处混乱度下降。例如，利用无序的砖堆建成一个建筑，或通过电路驱动一个电流（电子的有序流动）。

燃料或许是食物。熵增对应的是食物的新陈代谢，同时也是新陈代谢释放的能量和物质的分解。完成此过程的组织不是一连串的活塞和齿轮，而是在身体内部发生的生物化学变化，是由单个的氨基酸组成蛋白质。因此，我们要生存，我们必须摄取食物。这个结构还可以呈现不同的形式：她们也可以是艺术作品。另一种结构，可以通过摄取和消化食物释放的能量间接完成，获取食物，维持生命，大脑运动，产生灵感。这样，享受美味就是创造——我们创造艺术，我们创造文学作品，我们感悟美妙的世界。

　　蒸汽机，作为一个抽象的装置，就是利用能量进行有组织运动（做功），我们身体内发生的所有活动无非如此。再者，有一个伟大的蒸汽机正高悬在天空中——太阳，她是一切创造的源泉。我们都沐浴在她自发释放的能量中茁壮成长，我们一息尚存，就致力于向环境中排放混乱——没有环境，无法排放，我们就无法生存。John Donne 在沉思录 17 中写道，没有人是岛屿，可以完全独立；每个人都是大陆的一块，整体的一部分——Donne 不知不觉中给出了第二定律的另一个版本，比 Carnot 的表述足足早两个世纪。

4

自由能：功的可用性

自由能？免费的能量？这绝不可能！能量怎么能免费呢？当然,我们应给出学术性的回答。所谓"自由能",我们不是指金钱上的免费。在热力学中,"自由能"中的"自由"是指可以自由地做功,而不只是以热量形式逃离系统。

我们已经看到,定压燃烧时,过程以热量形式释放的能量可由系统焓变计算得到。尽管内能可能有一定程度的变化,实际上系统还得向环境"交税",可以理解为部分内能变化必须返回大气中,为燃烧产物让出空间。此种情况下,以热量形式释放的能量小于内能的变化。在某种意义上,如果反应产物占的体积小于反应物所占体积，系统也有可能得到部分"返税"，系统体积则会收缩。对于这种情况，环境对系统做功，环境向系统传递了能量，系统释放的热量大于内能的变化，系统将环境输送的功重新以热量形式输出到环境中。简而言之，焓就是一个计算热的工具，它可以自动地把系统对环境做的功或环境对系统做的功计算进去，而不需要我们另外计算功的分布，进而计算输出热。

现在的问题是：系统是否必须向环境"交税"才能做功？我们是否能把内能的变化全部转化为功？或者是否必须有一部分内能的变化以热量形式释放到环境中，只有剩下的小部分才可用来做功？为了做功，系统必须以热量形式向环境"交税"吗？既然系统所做功可以大于内能的变化，我们由此期望，系统是否可以得到环境的"返税"呢？总之，既然可引入焓计算系统的"净热"，是否存在另一个热力学状态参数，与焓类似，用来计算系统的"净功"？

第一定律使我们找到了有关热的状态参数，焓。第二定律和熵将会使我们找到一个有关功的状态参数。因为只有自发过程才能做功，非自发过程必须通过外界对之做功才能进行，因此，非自发过程对做功非但无用，简直是有害的。

为了确定某一过程是否是自发的，我们必须注意到第二定律用的是"宇宙的熵"，这一点至关重要。所谓"宇宙的熵"，即系统和环境熵之和。按照第二定律的说法，自发过程必然伴随着宇宙的熵增。这里尤其强调了"宇宙"的重要特征。某一过程可能自发进行,并且对外做功,同时系统的熵减少,只要环境的熵增足够大,总的熵变是增加的即可。无论何时,只要熵在明显地自发地降低,例如组织结构的生成,晶体的形成,植物的生长,或者思想的出现,常常在其他地方就有更大的熵增发生,且大于同时发生的系统熵减。

为了评判一个过程是否是自发的,是否有做功的能力,必须计算我们关注的系统及其环境的熵变。对系统和环境分别计算熵增很不方便。如果我们将关注点限制在某些变化类型,倒有一种方式可以把两个计算整合成一个,并且只计算系统的参数即可。沿着这个思路,我们将确定所需的热力学参数,我们可以用此参数判断某过程可以提供的功,而不需要单独计算"热税"。

※　※　※

如果我们将过程限制在定容和定温条件,环境的熵变则可用系统的内能变化表示。认识到这一点是聪明的一步。这是因为定容条件下,封闭系统内内能变化的唯一方式就是以热量形式与环境进行能量交换,通过 Clausius 熵的表达式就可以由此热量计算环境的熵变。

如果一个定容封闭系统的内能的变化为 ΔU,能量的全部变化必定都应归功于与环境进行的热量传递。如果系统的内能增加（例如，$\Delta U = +100$ J），那么一定有 ΔU（也就是 100 J）的热从环境流入到系统中。环境以热量形式失去了等量的能量，其熵变为 $-\Delta U/T$，环境熵减少了。如果系统的内能降低，ΔU 是负的（例如，$\Delta U = -100$ J），系统向环境释放了等量的热（此处就为 100 J）。因而，环境的熵增为 $-\Delta U/T$（该数值是正的，因为当 U 减少时，ΔU 是负值）。在上述两种情况的任意一种下，宇宙的熵总的变化为 $\Delta S(总) = \Delta S - \Delta U/T$。其中 ΔS 是系统的熵变。此表达式只涉及到系统的状态参数。我们将马上用到它的另一个形式，$-T\Delta S(总) = \Delta U - T\Delta S$。将 $\Delta S(总) = \Delta S - \Delta U/T$ 两边同时乘以 $-T$ 并且移项即可得出此式。

为了使计算更加简洁，我们引入 Helmholtz 能，由系统内能和熵组合而成，记为 A，定义为 $A = U - TS$。此名称以德国生理学家和物理学家 Hermann von Helmholtz（1821~1894）的名字命名，他给出了能量守恒定律的表达式，也在诸如感官科学、色盲、神经传导、听觉和热力学等领域做出了重要贡献。

在定温条件下，Helmholtz 能的变化仍是由 U 和 S 的变化引起的，$\Delta A = \Delta U - T\Delta S$，正好等同于上面的 $-T\Delta S(总)$。这样，当系统的温度和体积保持不变时，A 的变化就是宇宙总熵变的另一个形式。这个结论非常重要，因为它告诉我们，由于自发变化对应着宇宙总熵的正向变化（增加），只要我们将注意力限制在定温定容过程，那么自发变化就对应着系统 Helmholtz 能的减小。将条件限定在定温定容，我们就可以只用系统的状态参数表达自发过程——系统的内能、温度和熵。

自发过程对应着某个数量的减小这看上去更正常。在我们所生活的世界里，万物似乎都有向下的倾向，而不是向上。不过，千万不要被熟悉的诱惑所误导。自发过程 A 减小只是人为定义的结果。因为 Helmholtz 能本质上是宇宙总熵的另一种变形，由总熵的增加到 Helmholtz 能的减小，方向的变化仅仅反映了 A 的定义方式。如果不考虑 ΔA 表达式的导出过程，单纯看这个表达式，只要 ΔU 是负的（系统内能降低），ΔS 是正的，就会得到一个负的 ΔA。你可能会立即得出结论，系统倾向于向降低内能提高熵值的方向变化。这种解释是错误的。负的 ΔU 有利于过程自发发生，是因为它代表了环境熵的贡献（由 $-\Delta U/T$）。热力学上自发变化的唯一判据是宇宙总熵增加。

Helmholtz 能是自发过程的判据，它还承担了另一个重要任务：它可以给出定温过程系统可做最大功。这一点很容易看出：根据 Clausius 的熵的表达式（由 $\Delta S = q_{可逆}/T$，整理得 $q_{可逆} = T\Delta S$），$T\Delta S$ 是可逆过程系统释放到环境的热；ΔU 等于释放到环境的热量和系统对环境做功之和，考虑传热后，剩下的差值 $\Delta U - T\Delta S$ 就是单独由做功引起的能量变化。正是因为这个原因，我们也将 A 称为"功函数"，并且用符号 A 表示（因为德语里 Arbeit 的含义就是"功"）。我们通常称 A 为"自由能"，是指系统中可以用于做功的能量。

一旦我们思考 Helmholtz 能的分子本质，最后一点将更清楚。正如我们在第 2 章中看到的，功是在环境中的均匀运动，就如一重物中所有原子都向同一方向运动。出现在定义式 $A = U - TS$ 中的 TS 项具有能量的量纲，也可以看做系统中以无序方式储存的能量，其中 U 是系统总能量。差 $U - TS$ 则是系统中以有序方式储存的能量。那么，我们可以认为只有以有序方式储存的那部分能量，才是可以用来引起有序运动的能量，也就是对环境所做功。因此，只有差值 $U - TS$，总能量与"无序"能之差，是可以自由做功的能量。

为了更准确地理解 Helmholtz 能，我们思考一下 Helmholtz 能的变化的意义。设想系统中发生了某一过程，引起的内能变化为 ΔU，恰巧对应了熵减，因而 ΔS 为负。要使过程自发进行，并且能对环境做功，环境熵必须增加 ΔS，以弥补系统熵减（图 15）。

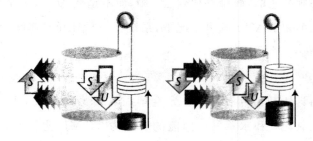

图 15　左边，系统内发生的过程引起了系统内能变化 ΔU 和熵减。部分能量必须以热量形式释放到环境中使环境的熵增加，以弥补系统的熵减。因此，用于做功的能量小于 ΔU。右边，过程引起熵增，热量可以流向系统，仍对应于总熵增加。结果是用于做功的能量大于 ΔU。

为了获得熵增,部分内能变化必须以热量形式释放,因为只有热交换才能引起熵变。要想取得熵增 ΔS,根据 Clausius 表达式,系统必须释放 $T\Delta S$ 的热量。也就是说,只有 $\Delta U - T\Delta S$ 的能量可以用来做功。

由上述讨论得知,$T\Delta S$ 是环境对系统索取的"税赋",以弥补系统的熵减,所以系统只剩下能量 $\Delta U - T\Delta S$ 用来对外做功。然而,假设在此过程中系统的熵正好是增加的,这种情况下,该过程本来就可自发进行,不需要向环境"交税"。事实上还有更好的情况,因为环境可以以热量形式向系统提供能量,因为环境可以允许有一定的熵减,仍然保证宇宙的总熵增加。换句话说,系统可以得到环境的"返税"。以热量形式流入系统的能量增加了系统的内能,与没有能量流入相比,此增加的能量可以用来做更多的功。这也符合 Helmholtz 能的定义,因为 ΔS 是负的,$-T\Delta S$ 则是正的,此量是加到 ΔU 中,而不是从 ΔU 减去某数值,所以 ΔA 大于 ΔU。这种情况下,系统就可做比单纯考虑 ΔU 更多的功。

用具体数值计算一下一定会增加真实感。燃烧 1 L 汽油,产生二氧化碳和水蒸气。内能的变化为 33 MJ,就是说如果在定容条件下(刚性封闭容器)燃烧,则会释放 33 MJ 的热。焓的变化是 0.13 MJ,小于内能的变化。这个数字说明如果在向大气开口的容器中燃烧,释放的热将会稍小于(事实上,小 0.13 MJ)33 MJ。注意,第二种情况释放的热减少,是因为 0.13 MJ

的热用于排开大气,为气体产物提供更多的空间,所以得到的热也就少了。燃烧过程是一个熵增过程,因为消耗的气体比生成的气体少(消耗 25 个 O_2 分子,生成 16 个 CO_2 分子和 18 个 H_2O 分子,净增加 9 个气体分子),可以算出 $\Delta S = +8\ kJ \cdot K^{-1}$。由此得出系统 Helmholtz 能的变化为 $-35\ MJ$。因此,如果在发动机里燃烧,可获得最大功为 35 MJ。注意,最大功大于 ΔU,因为该系统的熵增使得热可以作为"返税"流入系统,虽然这使环境的熵降低,但是宇宙的总熵变化仍是正的。也许这会使你兴奋,驾车行驶在路上,每行一里,就有一里的"退税",多么惬意啊!不过遗憾的是,这是大自然的"返税",财政大臣不会这样的。

※　※　※

目前为止,我们已经涉及到所有类型的功。在某些情况下,我们不关心膨胀功,而只关心诸如从电化学电池得到的电功,或者我们运动时肌肉所做的功。正像我们对膨胀功没有直接关心,是因为焓($H = U + pV$)可以自动地包含膨胀功,同样也可以定义另一种自由能,自动地将膨胀功算进去,使我们全神贯注于非膨胀功。这就是 Gibbs 自由能,用 G 表示,定义式为 $G = A + pV$。Josiah Winard Gibbs(1839~1903)——Gibbs 自由能以他的名字命名——被认为是化学热力学的创始人。他一生工作在 Yale 大学,在公共场所的沉默寡言尤其出名。他的广泛的、精妙的工作发表在一种我们现在认为颇为不出名的杂志(康涅狄格科学院院志,*The Transactions of the Connecticut Academy of Science*）上，直到他的继承者进行解释，这些工作才得到认可。

ΔA 告诉我们在定温条件下某过程可做的总功。与此类似，Gibbs 能的变化，ΔG，告诉我们在定温定压下，某过程可以做的非膨胀功。就像不可能真正给出焓的分子解释一样，焓其实就是一个巧妙的计算器，同样，也不可能给出 Gibbs 能的简单的分子解释。就我们的意图而言，将其想象为 Helmboltz 能就足够了，Gibbs 能只是一种度量以有序方式储存的能量的方式，这些能量可以用来自由地做有用功。

还有另一个"正如"需要注意。正如定容过程中的 Helmholtz 能变可以表示宇宙总熵的变化（不要忘记，$\Delta A = -T\Delta S$（总）），自发过程都伴随着 A 的减小；Gibbs 能变则表示定压过程中的总熵变（$\Delta G = -T\Delta S$（总））。因此，定压条件下自发过程的判据是 $\Delta G < 0$：

定容条件下，如果 Helmholtz 能降低，则过程自发进行。

定压条件下，如果 Gibbs 能降低，则过程自发进行。

对于每种情况，过程自发进行的根本原因都是宇宙总熵增加；不过，对于每种情况，我们可以只用系统的某些状态参数来表示总熵的增加，而不再为进行有关环境的专门计算而苦恼。

Gibbs 能对于化学和生物能学领域至关重要。生物能学是研究生物中能量利用的学科。大多数化学和生物过程都在定温和定压条件下进行，因此，要判定这些过程是否自发，是否能产生非膨胀功，我们只需要考虑 Gibbs 能。事实上，化学家和生物学家用到术语"自由能"时，几乎总是指 Gibbs 能。

※　※　※

我将在这里讨论三个应用实例。一个是相变的热力学描述（例如，结冰和沸腾；所谓"相"，是某一指定物质的形态，例如水有固相、液相和气相）。第二个是一个反应驱使另一个反应向非自发方向进行的能力（我们体内进行食物的新陈代谢，然后可以散步，或者思考），第三个是化学平衡的状况（例如，电能耗尽的电池）。

温度升高，纯物质的 Gibbs 能减小。注意到纯物质的熵总是正的，我们就可以由定义式 $G=H-TS$ 得出此结论。因此，T 升高，TS 变得更大，从 H 减去的值就越大，结果 G 就降低。例如，如图 16 所示，100 g 液态水的 Gibbs 能用图上标有"液体"的线表示（简称"液态线"，其他类似）。冰的 Gibbs 能相应地用"固态线"表示。然而，由于 100 g 冰的熵低于 100 g 水的熵——因为固态水分子比液态水分子更有序，对于冰，Gibbs 能下降得不是很快，如图中"固态线"所示。100 g 气态水的熵大大高于液态水的熵，因为气体分子占据空间更大，分布更加随机。因此，随着温度降低，气态水的 Gibbs 能迅速降低，如图中"气态线"所示。我们可以确信,低温下固态焓低于液态焓(因为固态融化需要能量),液态焓低于气态焓(因为液体气化需要能量)。这就可以解释,图 16 左侧 Gibbs 能线起点的相对位置就是焓的相对位置。

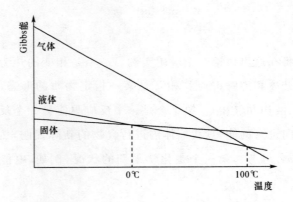

图 16　温度升高,物质气液固三相 Gibbs 能降低。Gibbs 能最低对应的状态最稳定。因此,低温时固态最稳定,液态次之,最后是气态(蒸汽)。如果气体线下降更快,先于液态线交于固态线,这种情况下,则将永远不存在稳定的液态,固态直接升华为气态。

尽管低温时液态的 Gibbs 能比固态的高,但是两线交于一个特殊的温度点(0℃,273 K,在正常大气压下),此点之后液态的 Gibbs 能则小于固态的 Gibbs 能了。这是一个重要的特性。我们已经知道,定压条件下,变化自然向 Gibbs 能降低(记住,总熵相应增加)方向自发进行。由此可以推出,低温时水呈固态是最稳定的。但是一旦温度到达 0℃,液态就变得更稳定,物质自发地融化。

0℃过后，三相中液态 Gibbs 能一直保持最低，直到快速下降的"气态线"与"液态线"相交。对于水，在正常大气压下，两线交于 100℃（373 K）。从此温度向后，气相就是最稳定的相态了。系统自发地向降低 Gibbs 能的方向进行，因此，100℃以上，气化过程是自发进行的：液体沸腾了！

并不能保证所有物质都是"液态线"先于"气态线"与"固态线"相交，"气态线"下降速度特快时，就可能抢先与"固态线"相交了。这种情况下，物质将直接从固态转变成气态，而不需要先经过一个中间相液态的融化。这就是"升华"。干冰（固态二氧化碳）就是这样，它由固态直接升华为二氧化碳气体。

热力学上所有相变都是类似的，包括融化，冷冻，冷凝，蒸发和升华。更详细的讨论，我们可以考虑压力对相变温度的影响，因为压力可以不同方式影响 Gibbs 能与温度关系线的位置，交叉点也随之变动。熟悉的例子是压力对水的曲线图的影响。如果压力足够低，"液态线"将不再是先于"气态线"与"固态线"相交，固态直接升华为气态了。冬日早晨白霜消失就是升华，它并没有使我们感受湿漉漉的融化过程，冰确实是干的。

我们的身体依靠 Gibbs 能生存。维持生命的许多过程都是非自发反应。人死后，非自发过程终结，身体就会腐烂分解。一个说起来比较简单（原则上）的例子是蛋白质分子的构建。蛋白质分子是把众多氨基酸分子以精确控制的序列形式排列而成的。蛋白质的构建是不能自发进行的，因为它是从无序到有序的过程。不过，如果生成蛋白质的反应与一个强有力的自发反应连接，后面的自发反应可能会推动前面的非自发反应进行，就像发动机里燃料燃烧可以用来驱动发电机发电——使电子有序流动形成电流。一个容易理解的比拟就是一个较重的物体自发地下落可以提升与其相连的一个较轻物体非自发地提升（图17）。

图17　一个总能增加很大的过程（用左图中无序度的增加来表示）可以驱动一个从无序到有序的过程（右图）。这好比一个下落的重物可以提升较轻物体。

在生物学中，非常重要的"类似重物"反应包括三磷酸腺苷分子（ATP）。这种分子是由腺苷和三个磷酸基所组成（所以名字里包含"三"和"磷酸盐"）。当通过与水反应切掉了末端的磷酸基而形成二磷酸腺苷（图18），Gibbs能显著减少，其中部分减少是由于基团脱离了长链引起的熵增造成的。体内的酶利用

Gibbs 能的这种变化——这像下降的重物——实现氨基酸的连接，并且逐渐地构建了蛋白质分子。约 150 个氨基酸基团组成的典型蛋白质的构建需要大约 450 个 ATP 分子所释放的能量。

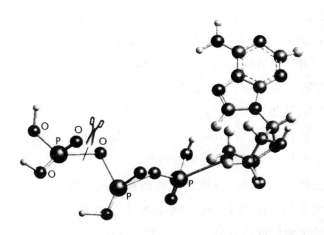

图 18　三磷酸腺苷（ATP）的分子模型。图中标记了部分磷原子（P）和氧原子（O）。当末端磷酸基在短线标记位置被切断后，就有能量释放。切断末端磷酸基后产生的 ADP 分子必须用一个新的磷酸基"再充电"；"再充电"是通过食物的消化和新陈代谢反应来实现的。

　　ADP 分子，即 ATP 分子释放能量后的外皮，非常有价值，不能随意丢弃。它们可以通过偶联到能释放更多 Gibbs 能——就像更重的重物——的反应而重新转化为 ATP 分子，同时这个反应给每个 ADP 分子又嫁接了一个磷酸基。这些"重物反应"就是我们习以为常的吸收食物的新陈代谢反应。食物也许是由其他更重的反应驱动而生成的材料，那个更重的反应释放了更多的 Gibbs 能，最后就追溯到太阳上发生的核过程了。

Gibbs 能的最后一个应用示例，在化学中非常重要，就是化学反应中著名的"平衡"特性，即所有化学反应能到达"平衡"条件，在平衡时，仍然存在部分反应物（反应开始的材料），但反应似乎停止了，反应物并没有全部转化为产物。某些情况下反应平衡时其实只有纯产物存在，我们称之为"完全"反应。不过，即使"完全"反应，无数的产物分子之中仍然会混有一两个反应物分子。氢气和氧气爆炸反应生成水就是一个完全反应的例子。另一方面，某些反应似乎从未进行。不过，处于平衡时，的确有一两个产物分子混在无数的反应物分子当中。金子在水中溶解就是这样的。大量的反应介于这两种极端情况之间，且反应物和产物都很充足，人们对反应平衡状态的组成以及温度、压力等条件的影响的解释有很浓厚的兴趣。关于化学平衡很重要的一点是，达到平衡时，反应并没有简单地慢慢停止。在分子水平上，所有的都是混乱的：反应物生成产物，同时产物分解成反应物；不过反应速率和分解速率相等，两者相抵，总的来看没有变化。我们说化学平衡是"动态"平衡，因此它对反应条件很敏感，反应并不是一潭死水。

Gibbs 能是关键因素。在此我们重申，定温定压下系统倾向于向 Gibbs 能减小的方向变化。将之应用到化学反应中，我们需要知道反应混合物的 Gibbs 能与混合物组成有关。它与两个因素有关。一个是纯反应物的 Gibbs 能和纯产物的 Gibbs 能之差。随着反应进行，组分从纯反应物变为纯产物，Gibbs 能也随之改变。第二个贡献是反应物和产物的混合，混合影响到系统的熵。又因 $G = H - TS$，所以又影响到 Gibbs 能。对于纯反应物和纯产物此影响为 0（此时没有什么所谓的混合），反应物和产物都很充足时，且混合是很强的，影响也是最大的。

考虑上述两个因素，结果发现 Gibbs 能在某一中间组成存在一个最小值。此组成对应于反应的平衡状态。组成向左或向右偏一点 Gibbs 能都会升高，系统倾向于向 Gibbs 能降低的方向自发进行，最终都会到达平衡组成。反应一旦达到平衡，反应则既不会向左进行，也不会向右进行了。某些情况下（图 19），最小点离左侧很远，非常接近纯反应物，只要生成几个产物分子，Gibbs 能就到达最小值（就像金溶解到水里）。另外一些情况下，最小值离右侧很近，几乎所有反应物都变为产物才可达到最小值（就像氢气和氧气的反应）。

电量耗尽的电池是一个我们日常生活接触到的化学反应平衡。电池里化学反应驱使电子从电池的一极释放，经过外电路回到另一极。在热力学意义上这个过程是自发的，我们可以想象化学反应使密封在电池里的反应物转化成产物，如图 19 所示，组成从左边迁移到右边。系统的 Gibbs 能降低，不久后达到最小值。化学反应已经达到平衡状态。反应不再具有从反应物到产物的趋势，电池也不再有驱使电子流过外电路的能力。反应已经到达 Gibbs 能的最小值，电池已经完成使命，寿终正寝——当然，内部的反应仍在继续。

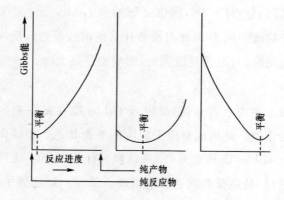

图 19 反应从纯反应物转变成纯产物，反应混合物 Gibbs 能的变化。每一种情况下，不再发生净变化的平衡组成就是曲线的最低点

5

第三定律：绝对 0 度的不可达到性

我已经介绍了温度、内能和熵。原则上说，只用这三个参数就可以描述整个热力学了。我也介绍了焓、Helmholtz 能和 Gibbs 能，但是它们只是为方便计算引进的量，不是什么新的基础概念。其实，热力学第三定律的地位不能与前三个定律的地位相比，有些人甚至认为它根本不能算做一个热力学定律。其中一个理由就是，它并没有触发我们的灵感，引入一个新的热力学参数。尽管这样，第三定律还是有用的。

在用第二定律讨论制冷时已经露出了第三定律的蛛丝马迹。在那里，制冷的性能系数取决于被冷藏物体的温度和环境温度。第 3 章已经给出了性能系数的表达式 $c = 1/(T_{环境}/T_{冷} - 1)$，当 $T_{冷} \to 0$ 时，$T_{环境}/T_{冷} \to \infty$，此时 $c \to 0$。由此看出，冷藏物体的温度趋于 0 时，性能参数也将趋于 0。也就是说，冷藏物体温度渐渐接近于绝对 0 度，取走热所做的功也在渐渐增大，以致趋向于无穷。

我们讨论第二定律时还另外暗示过第三定律的本质。我们知道，熵有两种定义方法，热力学方法，由 Clausius 定义式给出；统计学方法，由 Boltzmann 公式给出。它们并不是完全一样的，热力学定义给出了熵变；统计学定义给出的是绝对熵。绝对熵断定，一个完全有序的系统，没有任何空间位置的无序，没有任何热的紊乱——简言之，处于非简并基态，此时系统熵为 0，与该物质的化学组成无关。但是即使在绝对 0 度，热力学熵也有可能不为 0，而且不同的物质在绝对 0 度的熵是不同的，也就是说，熵与组成是有关系的。

对 Boltzmann 和 Clausius 关于熵的定义的相同性，第三定律给出了确定的说明，并且证明了通过热力学方法计算的熵变可以解释为系统无序程度的变化。关于用混乱度理解熵已在第 3 章作了讨论。第三定律也使得我们可能从热力学测量得到的热容等数据预测反应系统的平衡组成。第三定律对一些棘手问题，尤其是要得到非常低的温度，也给出了处理思路。

※　　※　　※

　　像在经典热力学中一样,我们从研究对象系统的外部——环境——对系统进行观察。我们现在需要把思绪向有关系统分子结构的知识或预见靠拢,至少先做出这种努力。也就是说,为了构造一个经典的热力学定律,我们还是先完全依靠想象观察开展工作。

　　物质冷却到很低的温度时,就会发生一些有趣的事情。例如,人们把某些物质冷却到液氦温度(约 4 K)时,其电阻就会变为 0,超导体最初就这样被发现了。当氦冷却到约 1 K 时,液氦本身就成为超流态,物质能够无黏性流动,而且可以翻越盛装液氦的容器壁。挑战,就在那里,是否可以将物质冷却到绝对 0度! 如同宿命,我们面临另一个更大的挑战——是否可以,甚至是否有意义——将物质冷却到绝对 0 度之下;也就是说,是否可以突破温度屏障。

　　已经证实,将物质冷却到绝对 0 度的实验极其困难,这远不只是温度趋向于绝对 0 度时,取走给定热量要做的功也在不断增加的问题。届时,我们必须承认,通过常规的热技术获得绝对 0 度是不可能的;也就是说,基于第 3 章讨论的热机原理设计的冰箱不可能达到绝对 0 度,这经验观察就是热力学第三定律的现象学说法:

不可能经有限个循环过程成功地使一个物体冷却到绝对 0 度。

这是一个否定形式的表述；不过，我们已经明白，第一定律和第二定律也可以表示成否定形式（例如，没有内能变化发生在孤立系统内，没有冷阱的热机是不能运行的，等等）。因此，"否定形式"没有弱化其含义。注意，表述中提到"循环过程"，也许有其他类型的"非循环过程"可以将物体冷却到绝对 0 度，只不过所用到的设备不能保持与其起始相同的状态。

回忆一下，第 1 章我们曾引入 β （$\beta=1/kT$），它是温度更本质的量度。绝对 0 度时，对应的 β 趋向于无穷大。如果这样的话，前面所说的第三定律则将我们带入 β 的世界，这看起来是那么不言而喻，因为第三定律将变成"不能通过有限序列的循环将物质冷却到无穷大的 β"，这就好像说"不能借助有限的梯子到达无穷高处"。第三定律一定会有比表面意义更丰富的内涵。

我们已经注意到，风平浪静总会给热力学家们带来很大的动力，而且，只要我们仔细思考，否定也可能引出非常肯定、正面的结果。熵就是一例，我们也需要仔细思考第三定律与熵的热力学定义的撞击。为此，我们从如何得到低温开始。

假设某系统由分子组成，每个分子拥有一个电子。我们也知道，单个电子都有"自旋"特性，这里可以理解为真实的自旋运

动。由量子力学我们得知,电子有自己固定的自旋速率,从某个
给定方向看去,它们的自旋方向只有两个,或者顺时针,或者逆
时针。这两种自旋状态分别记为↑和↓。电子自旋产生磁场,
我们可以将每个电子当作一个拥有两极的很小的磁棒。有外加
磁场时,磁棒取向不同,能量不同。给定温度,可以用 Boltzmann
分布计算两种自旋的粒子数之差。室温条件下,低能态的↓自
旋略多于高能态的↑自旋。如果我们通过某种方式可以将一些
↑转化为↓,那么粒子数之差对应的温度将更低,物体的冷却温
度也将降低。如果能将所有的自旋都转化为↓,我们就可以得
到绝对 0 度啦。

　　假设室温下的一个试样,没有外加磁场,自旋状态↓、↑的
分布是随机的,如:… ↓↓↑↓↑↑↓↓↓↑↓ …。这些自旋
电子与样本的其他部分处于热接触状态,它们具有相同的温度。
现在我们对试样施加外部磁场,同时试样与环境保持热接触。
因为试样可以向环境释放能量,两种自旋电子数可以随之调整。
试样变为…↓↑↑↓↑↑↓↓↓↑…,↓自旋略多于↑自旋。这
种排列的变化影响到系统的熵,我们可以说,因为自旋分布比起
初时的混乱度降低了(我们在盲选中选中↓的几率增大了),试
样的熵也就降低了(图 20)。更确切地说,通过施加磁场,使电子
自旋重排的同时释放了能量,从而降低了试样的熵。

　　现在将试样绝热,与环境热隔离,逐渐降低施加磁场强度,
直到 0。试样有何变化?第 1 章已经讲过,没有以热量形式传递

能量的过程称为绝热过程。因此,上述过程称为"绝热退磁"。由于该过程是绝热的,所以整个试样(自旋电子以及与其紧密接触的环境)的熵保持不变。电子自旋不再有磁场的影响,因此恢复了它们初始的、熵较高的杂乱排列,如同…↓↓↑↑↓↑↑↓↓↓↑↑…。然而,因为试样总熵没有变化,携带电子的那些分子的熵必须降低,相应地,试样温度降低。等温磁化加绝热退磁能使试样温度降低。

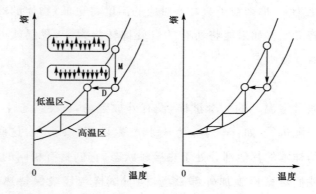

图 20　得到低温的绝热退磁过程。箭头表示试样中电子的自旋排列。第一步(M)是等温磁化,该过程增加了自旋的直线排列;第二步(D)绝热退磁,熵不变,对应温度更低。如果两条曲线在 $T=0$ 处不相交,温度就有可能降到 0 度(左图)。一个有限的循环过程不能使温度降到 0 度(右图),意味着曲线相交于 $T=0$ 点。

　　接下来,我们重复该过程。我们在等温条件下磁化刚刚降温的试样,使之绝热,在绝热下逐渐退掉磁场。经过该循环,试样的温度又降低了一点。原则上,我们可以重复这个循环过程,将试样温度逐渐降低到你想要的任意温度。

然而，此时此刻，披着第三定律皮的狼脱掉了羊的外衣，露出了原形。如果物质的熵像图 20（左）所示那样，无论是有磁场还是没有磁场，我们都可以找到一系列循环变化使试样经历有限步骤到达 $T=0$。至今，没有迹象表明这种方法有可能得到绝对 0 度。这意味着熵的行为并不能按左图那样，而必须像右图那样，两条线交于 $T=0$。

我们还可想象出其他种种方式，通过有限的循环过程达到绝对 0 度。例如，我们可以采取这样的过程：将气体等温压缩，然后绝热膨胀到初始体积。气体绝热膨胀对外做功，因为系统没有热进入，所以内能减少。我们已经知道，气体的内能主要源于分子的动能，绝热膨胀一定导致分子运动减速，动能降低，从而可以降低温度。乍一看，我们一定满怀期望，等温压缩—绝热膨胀—等温压缩—绝热膨胀，如此反复循环，温度肯定可以降低到 0 度。然而，结果发现，随着温度降低，绝热膨胀降低温度的作用也随之变小，用这种方式得到 0 度的可能性横遭阻拦。

还有更妙的方法。引入一个化学反应，反应物 A 生成产物 B。找到一条绝热路径使 B 重新生成 A，并循环往复。冷静分析，又是一次失望！再次表明该方法不可能达到绝对 0 度，因为当温度接近 0 度，反应物 A 和产物 B 的熵将收敛到同一值。

上述种种失败有一个共同特点，就是当温度接近 0 度时，物质的熵都收敛于一个共同的值。由此，我们可以用熵给出第三

定律的另一个更深刻的表达方法,取代先前给出的第三定律的现象学表述:

> **当温度接近 0 度时,所有纯的完美晶态物质的熵趋于同一值。**

注意,实验证据和第三定律都没有告诉我们 $T=0$ 时物质的熵的绝对值。第三定律只是暗示所有物质在 $T=0$ 时有相同的熵值,只要它们具有非简并基态——没有来自具有冰特征的位置无序度的残余有序度。不过,既然所有纯的完美晶态物质在 0 度时的熵有同一值,不妨权且将此值定为 0。这虽是权宜之举,不过也算明智。这样就得到我们熟悉的用"熵"表达的第三定律:

> **$T=0$ 时,一切完美晶态物质的熵都等于零。**

第三定律与其他三个定律不属同一类型,因为第三定律没有引入新的热力学函数,它只是说明熵可以用绝对尺度来表示。

※　※　※

乍一看,第三定律只是对人类挑战低温记录有用,应用面很窄。第三定律看上去似乎与我们平凡的世界无关,不像热力学的其他三个定律,这三个定律与我们平常的生活可说是密不可分的。附带说一下,目前的记录是固体为 0.000 000 000 1 K,气体为 0.000 000 000 5 K,此时分子的运动已经非常慢了,运动 1 英寸需要 30 秒。

对于我们的日常世界来说，第三定律确实没有什么要紧的影响，但是对于实验室里的科研人员来说却极其重要。首先，它打破了科学家最珍爱的理想化模型之一——理想气体。所谓理想气体，就是分子相互独立、进行随机运动、混乱的流体，在热力学里很多讨论和理论推导都是以其为前提的。不过，由第三定律推出，在 $T=0$ 时理想气体不存在。这个问题太专业了，不适于在这里讨论，说明一点，所有的问题都起源于当 $T=0$ 时，熵也为 0。[8] 由于有技术上的良药可以缓和看上去对热力学结构的致命伤害，所以该学科可以幸免于自己的定律对自身的冲击。另一个技术方面的结论是，热力学在化学中的应用主要在于用有关热数据，尤其是一定温度范围内的热容，来计算反应的平衡组分，从而判定该反应成功的可能性，进而优化工业实施的反应条件。第三定律提供了通向这些应用大门的钥匙。如果物质的熵在绝对 0 度下是不同的，这些应用就没有可能了。

※　　※　　※

在某种意义上绝对 0 度是不可能达到的。书读百遍其义自

---

[8]　第三定律意味着 T 趋向 0 时，热膨胀系数——物质体积随温度的变化——也趋于 0；但是，由理想气体的热力学性质则推出，当 T 趋向 0 时，热膨胀系数趋向无穷大！

现，第三定律也是如此。第三定律说的绝对 0 度不可能达到，只是涉及那些保持热平衡的循环过程，并没有说采用非循环过程也不可能达到绝对 0 度。由此引出一个迷人的重要问题，是否可能发明出一种特别的技术，能把物体送到绝对 0 度的"另一边"，也就是"绝对"温度是负的，尽管不知那意味着什么。

下面我们一起做一个尝试，理解一下物体温度低于绝对 0 度到底意味着什么。低于绝对 0 度？自相矛盾吧！绝对 0 度，那可是可能的最低值了！我们先回想一下第 1 章，那里说温度 T 是 Boltzmann 分布式中出现的一个参数，该分布指定了可用能级上的粒子数。最简单的，实际上也是最容易实现的情况是只有两个能级的系统，一个是基态，一个是能量在基态之上的第二能态。一个实例是在磁场中的自旋电子，本章前面曾提到过这种类型。正如我们前面所说，因为这两个自旋态可以看成方向相反的微小的磁棒，它们有两种不同的能量。

依照 Boltzmann 分布，有限温度下，处在较低能态（↓态）的电子总是多于处于较高能态（↑态）的电子。当 $T=0$ 时，所有电子都将处于基态（全都是 ↓态），并且熵也为 0。随着温度升高，电子迁移到较高能态，内能和熵也同时升高。温度变得无限大时，电子将会平均分布在两个能态上，一半电子处于 ↑态，另一半处于 ↓态。此时熵到达最大值，根据 Boltzmann 公式此值是 lg 2 的倍数。

顺便提醒一下,温度无穷大并不意味着所有电子都处于较高能态——温度无穷大时,两个能态的粒子数相等。更具普遍性的结论是,如果一个系统含有很多能级,当温度无穷大时,粒子平均占据所有能态。

现在假设 T 是负值,例如,-300 K。由 Boltzmann 分布可知,高能态的粒子数将多于低能态的粒子数。例如,如果 $T=300$ K 时,高能态与低能态粒子数之比为 1∶5;那么 $T=-300$ K 时,比率则变为 5∶1,电子自旋处于高能态的数目是低能态的 5 倍。设 $T=-200$ K 时,比率为 11∶1,而 $T=-100$ K 时,比率将达到 125∶1。在 -10 K 时,高能态粒子数几乎是低能态的 1 000 000 000 000 000 000 000 倍(1 000 亿亿倍)。温度从负的一方逐渐趋近 0 时(-300 K,-200 K,-100 K,…),粒子几乎全部移向高能态。实际上,温度从负的一方接近 0 度,粒子全部处在高能态。一旦越过 0 度(温度从正的一方接近 0 度),粒子立即全部处于低能态。我们已经知道,温度从 0 度逐渐提高到无穷大,粒子则渐渐从低能态迁移到高能态,最终粒子在两个能态上平均分布。当温度从 0 度逐渐降到负无穷大,粒子则渐渐从高能态迁移到低能态,当温度到达负无穷大时,粒子再一次在两个能态上平均分布。

我们在第 1 章中已经知道,温度的倒数,也就是 $\beta=1/kT$,比起温度 T 更适于用来度量温度。没有采用 β 是人类的遗憾,这一点从图 21 与图 22 的对照中就可很清楚地体会到。图 21 是普通的内能(熵)-温度曲线;图 22 中,我们用 β 做横坐标,得到内能(熵)- β 曲线。两图相比。图 21 中 $T=0$ 处曲线令人不悦的跳跃在图 22 中不复存在,代之以一条平滑的曲线。你应该也注意到,β 增大,对应温度 T 很低,曲线有个很长的延展,很缓,这一点也不惊讶。T 趋近于 0 度时,有很大的空间满足许多有趣的物理过程。然而,我们已经接纳了不方便的 T,而不是光滑方便的 β。

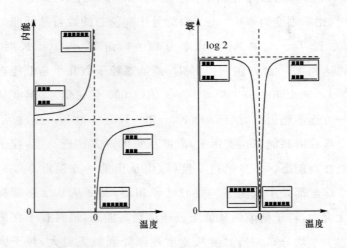

图 21 两能级系统的内能变化(左图)和熵的变化(右图)。图中示出负温时内能和熵的情况。如左图所示,刚刚高于 0 度时,所有分子都处于基态;刚刚低于 0 度时,所有分子都处于高能态。温度向两边变化,趋向(正负)无穷大时,分子均匀分布。

如果我们能设计出一个↑(高能态)电子数多于↓(低能态)电子数的系统,然后,根据 Boltzmann 分布,这只能是负温系统。

接着,如果我们能设计出一个↑电子数等于↓电子数 5 倍的系统,那么此能量分布正是前面讨论的情况,我们可以说就是温度－300 K 的系统。如果比率为 11∶1,那么温度就是－200 K,依此类推。注意,设计极低温度(接近负无穷大)的系统更容易,因为极低温度对应的系统分布只有极小的不平衡;刚刚低于 0 度时,分布极不平衡。如果温度达到－1 000 000 K,分布之比仅为 1.000 5∶1,也就是说,两能级的分布只有 0.05％的差别。

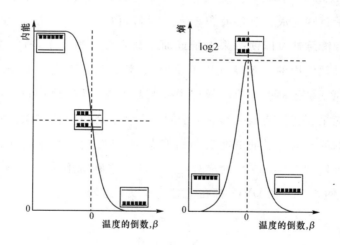

图 22　与图 21 同样的系统,只是横坐标为 β 而不是 T。整个 β 区间内能变化是平滑的。

熵一直追寻着粒子分布变化的踪迹。你看,温度 T 从 0 升到无穷大,熵 S 则随之由 0 增加到 lg 2(你可以选择合适的单位);温度 T 从 0 降到负无穷大,熵同样也从 0 增加到 lg 2。在 0

的任意一侧,我们能够准确地知道每个电子所处的能态(刚刚高于 0 时是↑,刚刚低于 0 时是↓),此时 $S=0$。在无穷大的两端(正无穷大,负无穷大),粒子平均占据两个能态,随机选择一个能态,它处于↑和↓的几率相等。你应该用 β 来刻画这些图线,而不再是 T。

　　现在的问题是,是否可以设计一种装置,使热平衡(也就是 Boltzmann 分布)粒子数反转。答案是肯定的,只是不能通过热力学过程完成。已经有很多实验手段可以进行极化。例如,用射频能脉冲可以使一束电子或原子核自旋。事实上,有一个我们日常使用的装置就利用了负温,它就是——激光。激光的基本原理是先使大量原子或分子处于激发态,再激励它们全部释放能量。我们前面提到的电子的↓态和↑态可以比作激光材料中的原子或分子的低能态和高能态,并且影响激光作用的粒子数反转就对应一个负的绝对温度。我们家庭所用的所有激光设备,例如 CD 和 DVD,都在绝对 0 度以下运转。

※　※　※

　　负温度的概念实际上只能应用到拥有两个能级的系统中。要得到三个或更多能级上的粒子分布,形式上可以用负温的 Boltzmann 分布表达,这是非常困难的,负温本身也是高度人为的。此外,负温已经远远超出经典热力学的范畴,因为负温必须经人为设计才能得到,通常持续时间也非常短。不过,只是在形式上反映负温系统的热力学性质是可能的，也是有趣的。

对于负温，第一定律具有鲁棒性，它与粒子在可用能态的分布方式无关。因此，在负温范围内，能量仍然是守恒的，内能仍然可以通过做功或者利用温差来改变。

因为熵的定义使负温得以幸存，第二定律也得以生存，但是其意义是不同的。由此，假设能量在负温时以热量形式离开系统，依照 Clausius 表达式，系统的熵增加，因为能量的变化为负（例如，-100 J），温度也为负（例如，-200 K），所以两者之比是正值（本例为 $\frac{-100 \text{ J}}{-200 \text{ K}} = +0.5$ J·K^{-1}）。我们以一个分子级别的两能级系统为例理解这个结论：设想有一个反转粒子，它的能量很高，但是熵很低。此粒子失去部分能量，粒子分布重新达到均衡和高熵（lg 2）情形，所以能量损失的同时熵增加。类似地，如果能量以热量形式传入负温系统，系统的熵降低（如果 100 J 能量传入温度为 -200 K 的系统，熵变为 $\frac{+100 \text{ J}}{-200 \text{ K}} = -0.5$ J·K^{-1}，下降了）。这种情况下，能量大量涌入，高能态粒子数更多，粒子移动使得系统更不平衡，以致所有粒子都移向高能态，系统的熵接近 0。

下面用第二定律说明负温系统的"冷却"效果。假设热离开系统，系统熵增加（参见上面说明）。如果这部分能量进入正温环境中，环境的熵也增加。因此，热从负温区域传递到一个"正常的"正温环境中时,宇宙总熵增加。第一个系统的粒子一旦达到均衡,我们可将此系统看做处于很高的正温——温度趋向无穷大。从这点开始,我们就有了一个普通的很热的系统与一个稍低温系统接触,当热从前者流向后者时,熵仍然在增加。简而言之,第二定律表明,与正温系统相接触的负温系统有一个自发的热传递过程,直到两个系统的温度相同。此处的讨论与传统的第二定律唯一的不同在于,只要一个系统存在负温度,热将从较低(负)温系统流向较高(正)温系统。

如果两个系统都处于负温,热将从较高温(较小负值)系统流向较低温(较大负值)系统。为了理解此结论,假设一个温度为 -100 K 的系统失去 100 J 热:熵增 $\frac{-100 \text{ J}}{-100 \text{ K}} = 1$ J $\cdot$ K^{-1}。如果相同的热流入温度为 -200 K 的系统中,熵变为 $\frac{+100 \text{ J}}{-200 \text{ K}} = -0.5$ J $\cdot$ K^{-1},减小了。因此,两系统总熵变为 0.5 J $\cdot$ K^{-1},所以热流从 -100 K(较高温度)的系统流入 -200 K 的系统是自发的。

热机效率,是第二定律的直接结果,仍然用 Carnot 表达式来定义。[9] 然而,如果冷阱温度是负值,热机效率可能大于 1。例如,如果热源温度为 300 K,冷阱 -200 K,那么计算得知热机效率为 1.67,我们有理由期望热机做功量大于从热源吸取的热。

---

[9]　热机效率 $\varepsilon = 1 - T_{冷阱} / T_{热源}$

多出的能量其实来自冷阱，我们已经知道，从负温系统取出热，系统熵增加。[10] 我们又从温度为 -200K 的热源取出热量 q'，熵增加 $\dfrac{q'}{200\ \text{K}}$。只要 $\dfrac{q'}{200\ \text{K}}$ 至少等于 $\dfrac{q}{300\ \text{K}}$，或者 $q' = \dfrac{200\ \text{K}}{300\ \text{K}} q$，总的熵变就是正值。两个热量都可以转化为功输出而不引起熵值的变化，所以我们得到的功等于 $q + q'$。

$$\text{热机效率} = \frac{\text{输出功}}{\text{从热源吸收的能量}} = \frac{q + q'}{q} = 1 + \frac{200\ \text{K}}{300\ \text{K}} = 1.67$$

从某种意义上可以说，当冷阱（负的）的反转粒子重新回到均衡态，释放出的能量热机用来产生了功。

如果热机的热源和冷阱都处于负温，热机效率小于 1，热机所做的功转化于"稍暖"、较负温的热阱。

考虑到系统跨越 $T = 0$ 点热性质的不连续性，第三定律需要做一点修正。首先，在"常规"0 度那边，我们只需简单地将第三定律改为"不可能通过有限的循环过程将系统冷却到绝对 0 度"。在负 0 度的另一边，第三定律变为"不可能通过有限的循环过程将系统加热到绝对 0 度"。啊，我怀疑没有人愿意做此尝试！

---

⑩　设我们从温度为 300 K 的热源取出热量 q，熵增加 $q/300$ K。

结　语

我们马上要结束这次旅程了。热力学研究的是能量的转换，我们已经领略了热力学学科的宽广和深厚，她强调并阐明了我们日常生活中的许多普通概念，例如温度、热、能量。热力学概念发源于物质宏观特性的度量，但是这些概念的分子解释则丰富了我们的理解。

热力学第零、第一、第二定律，每个定律都引入了一个状态参数，她们奠定了热力学大厦的基石。第零定律引入了温度，第一定律引入了内能，第二定律引入了熵。第一定律画出了宇宙中可行变化的范围：能量必须守恒；第二定律指出了那些可行变化中哪些是可自发进行——不需要我们做功驱动就有自动进行的趋势；第三定律则将热力学的分子和经验表达统一起来。

我一直担心不要陷入热力学起源或类比这两个领域。我一点也没有谈到仍不能让人信服的非平衡态热力学，非平衡态热力学试图导出有关过程进行中熵的生成速率的规律。我也没有涉及非凡的、易于理解的、可以进行类比的信息理论领域，尽管它的内容与熵的统计热力学定义密切相关。还有一些特性我也没有提及，虽然某些人认为它们对深入理解热力学是至关重要的，诸如某些定律，特别是第二定律的本质具有统计特性这样一个事实。因此，我承认，当分子波动到出奇的排列时，它们暂时是失效的。

我力求涵盖所有的核心概念，这些概念由于蒸汽机而有效地被激发，但是又伸出双手拥抱未知的思想。定律虽小，数量虽少，但她确有驱动宇宙的惊人力量，世上万物因她更加茁壮，我们的思想因她更加敏捷、睿智。

进一步阅读

如果你想继续深入学习热力学，这里给出一些建议。在我的《Galileo's Finger：The Ten Great Ideas of Science》(Galileo 的手指：十个最伟大的科学思想，牛津大学出版社，2003 年版)一书中，我写了关于能量转换和熵的概念，此书的难度与本书相当，但定量化的东西更少一些。在《The Second Law》(第二定律)(W. H. Freeman & Co. ，1997 年版)中，我尝试尽可能用图画的方式展示这一定律的概念和含义，创造性提出了我们可以看清楚每个原子的小宇宙概念。更严肃的说明可以参见我写的其他各种教科书。按照难度顺序依次为，《Chemical Principles：The Quest for Insight》(化学原理：深入探索)(与 Loretta Jones. W. H 合作，Freeman & Co. ，2008 年版)，《Elements of Physical Chemistry》(物理化学基础)(与 Julio de Paula 合作，牛津大学出版社，W. H. Freeman & Co. ，2006 年版)，以及《Physical Chemistry》(物理化学)(与 Julio de Paula 合作，牛津大学出版社，W. H. Freeman & Co. ，2006 年版)。

当然还有其他关于此专题的极佳的著作。最权威的是《Thermodynamics》(热力学)，作者 G. N. Lewis 和 M. Randall (McGraw－Hill，1923 年版；由 K. S. Pitzer 和 L. Brewer 1961

年修订）。我书架上其他有用的、便于获取的教材有《The Theory of Thermodynamic》（热力学理论），作者 J. R. Waldram（剑桥大学出版社，1985 年）；《Applications of Thermodynamics》（热力学应用），作者 B. D. Wood（Addison-Wesley，1982 年），《Entropy Analysis》（熵分析），作者 N. C. Craig（VCH，1992 年），《Entropy in Relation to Incomplete Knowledge》（未完关系中的熵），作者 K. G. Denbigh 和 J. S. Denbigh（剑桥大学出版社，1985 年版）；及《Statistical Mechanics：A concise Introduction for Chemists》（统计力学：化学家知识入门），作者 B. Widom（剑桥大学出版社，2002 年 ）。

常用中英文对照

absolute entropy　绝对熵
absolute zero　绝对零度
acceleration of free fall　自由下降加速度
adenosine diphosphate　腺苷二磷酸，二磷酸腺苷
adenosine triphosphate　三磷酸腺苷
adiabatic demagnetization　绝热退磁
adiabatic　绝热的
air conditioner　空调
amino acid　氨基酸
average speed　平均速度
battery　电池
bioenergetics　生物能学
boiling　沸腾
Boltzmann's constant　波尔兹曼常数
Boltzmann's formula　波尔兹曼关系式
Boltzmann distribution　波尔兹曼分布
Boltzmann，L.　波尔兹曼
boundary　边界
carbon monoxide solid　一氧化碳固体
Carnot efficiency　卡诺效率
Carnot，S.　卡诺
Celsius scale　摄氏温标
Celsius，A.　摄氏
change in entropy　熵变
chemical equilibrium　化学平衡
chemical reaction　化学反应
chemical　化学的

classical thermodynamics 经典热力学
Clausius definition 克劳修斯定义
Clausius statement 克劳修斯表述
Clausius，R. 克劳修斯
closed system 封闭系统
coefficient of performance 性能系数
combustion 燃烧
condensation 冷凝
constant pressure 等压
constant volume 等容
degeneracy 简并
demagnetization 退磁
diathermic 透热性的
disorder 混乱
dry ice 干冰
efficiency 效率
electric battery 电池
electron spin 电子自旋
energy 能
energy level 能级
enthalpy 焓
enthalpy of fusion 融化焓
enthalpy of vaporization 汽化焓
entropy 熵
equilibrium 平衡
expansion coefficient 膨胀系数
extensive property 广度性质
Fahrenheit,D. 华氏
Fahrenheit scale 华氏温标
feasible change 可行变化
fluctuation-dissipation theorem 波动-耗散定理
free energy 自由能

freezing　冰冻

fusion　熔化

gasoline combustion　汽油燃烧

Gibbs energy　吉布斯能

Gibbs,J. W.　吉布斯

ground state　基态

heat　热

heat capacity　热容

heat engine　热机

heat pump　热泵

heat tax　热税

heater　加热器

Helmholtz energy　赫尔兹曼能

Helmholtz,H. von　赫尔兹曼

hoar frost　白霜

hydrogen bond　氢键

ideal gas　理想气体

imponderable fluid　无质量流体

infinite temperature　极限温度

information theory　信息论

intensive property　强度性质

internal combustion engine　内燃机

internal energy　内能

isolated system　孤立体系

Joule,J. P.　焦耳

Kelvin,I.　开尔文

Kelvin scale　开氏温标

laser　激光

latent heat　潜热

law of conservation of energy　能量守恒定律

liquid helium　液态氦

low temperature record　低温纪录

low temperature　低温

maximum work　最大功

Maxwell Boltzmann distribution　麦克斯韦-波尔兹曼分布

mechanical equilibrium　力平衡

mechanical　力学的

melting　熔化

mixing　混合

molecular interpretation　分子解释

molecular nature　分子性质

natural parameter　特性参数

natural process　自然过程

negative temperature　负温

Noether，E　诺特

Noether's theorem　诺特理论

non-cyclic process　非周期过程

non-equilibrium thermodynamics　非平衡热力学

open system　开放系统

perfect gas　理想气体

perpetual motion　永动

phase transition　相变

phase　相

piston　活塞

Planck，M.　普朗克

polarized spins　极化自旋

power　能力

pressure　压力

property　性质

protein　蛋白质

Rankine scale　兰氏温标

refrigerator　冰箱

relative populations　相对粒子数

residual entropy　剩余熵

reversible process　可逆过程

separation　分离

Snow，C. P.　斯诺
source　源
spin　旋转
spontaneous change　自发变化
spontaneous process　自发过程
state function　状态函数
statistical thermodynamics　统计热力学
steam engine　蒸汽机
structure 结构
sublimation　升华
superconductivity　超导
superfluidity　超流动性
superheated steam　过热蒸汽
surroundings　环境
tax refund　返税
temperature dependence　温度依赖
temperature scale　温标
thermal equilibrium　热平衡
thermal expansion coefficient　热膨胀系数
thermal　热的
thermodynamic scale　热力学温标
thermometer　温度计
Thomson，W.　汤姆孙
unattainability　不可到达性
universe　宇宙
vaporization　汽化
watt　瓦特
work　功